普通高等教育“十三五”新形态教材

U0894306

基础化学实验

JICHU HUAXUE SHIYAN

主　审　李辉勇　杨建奎　喻　鹏
主　编　蒋红梅　谢文刚
副主编　周　军　刘晓颖
参　编（按姓氏笔画排序）
王　锦　文志勇　李　霞
苏招红　张　凤　罗　景
周春姣　桂清文　覃晓丽

特配电子资源
微信扫码
● 教学课件
● 延伸阅读
● 互动交流

南京大学出版社

图书在版编目(CIP)数据

基础化学实验/蒋红梅,谢文刚主编.—南京：南京大学出版社,2019.10(2024.1 重印)

ISBN 978-7-305-22545-1

Ⅰ.①基… Ⅱ.①蒋… ②谢… Ⅲ.①化学实验—高等学校—教材 Ⅳ.①O6-3

中国版本图书馆 CIP 数据核字(2019)第 157941 号

出版发行 南京大学出版社
社　　址 南京市汉口路 22 号　　邮　　编 210093

书　　名 **基础化学实验**
JICHU HUAXUE SHIYAN
主　　编 蒋红梅 谢文刚
责任编辑 刘　飞 蔡文彬　　编辑热线 025-83592146

照　　排 南京开卷文化传媒有限公司
印　　刷 南京人民印刷厂有限责任公司
开　　本 787 mm×1092 mm 1/16 印张 11 字数 261 千
版　　次 2024 年 1 月第 1 版第 6 次印刷
ISBN 978-7-305-22545-1
定　　价 29.80 元

网　　址:http://www.njupco.com
官方微博:http://weibo.com/njupco
微信服务号:njuyuexue
销售咨询热线:(025)83594756

* 版权所有,侵权必究
* 凡购买南大版图书,如有印装质量问题,请与所购图书销售部门联系调换

前　言

近年来，随着“新农科”建设的不断深入，教育部提出了实现新农科改革目标的途径是开新路、育新才、树新标，从而全面提升高校服务经济社会发展的能力。为此，全国涉农高校的高等农林教育也不断面临改革。“基础化学实验”是农林院校最重要的基础课程之一，是培养学生实践能力、创新能力和科学素质的重要途径。本书以湖南农业大学基础化学实验教学模式改革与实践为依托，结合农林院校不同学科、不同专业、不同层次学生的特点，以及学生的实践能力、创新能力的培养目标，将涉农专业学生对化学实验的基本要求和学习内容整理编写而成。

本书主要内容为化学实验基础知识，如实验室安全知识、化学实验常用仪器、基本操作；基础无机化学实验、基础分析化学实验、基础有机化学实验。为更好地结合农学专业需求，本书还选取了部分与农业生产密切相关的实验，如果蔬汁中总酸度的测定、蘑菇中游离氨基酸含量的测定、从烟叶中提取烟碱、层析法分离天然色素等，以体现化学实验技术对涉农专业的基础作用。此外，书中以嵌入二维码的形式提供了丰富的电子资源，如微课、动画、电子课件等，既彰显了信息化教学改革的追求，也提高了学生自主学习的效果和积极性。

本书由蒋红梅、谢文刚任主编，周军、刘晓颖任副主编，此外，参与本书编写的人员（按姓氏笔画排序）：王锦、文志勇、李霞、苏招红、张凤、罗景、周春姣、桂清文、覃晓丽等。李辉勇、杨建奎、喻鹏主审全书。

限于编者水平，加以编写时间仓促，书中错误与不妥之处，敬希读者随时指正。

编　者

2019 年 8 月

目　录

基础知识篇

基础实验篇

附录 常用数据

二维码资源一览表

序号	资 源 名 称	类型	页码	二维码
1	基础化学实验配套资源	PPT、视频	扉页	
2	化学实验室安全知识课程	慕课	3	
3	化学实验常用仪器	实体图	6	
4	仪器的洗涤及干燥	视频	10	
5	有效数字及运算规则	视频	15	
6	Excel 在数据处理中的应用	视频、论文	17	
7	实验报告(样例)	PDF	18	
8	电子天平的使用	视频	21	
9	常用容量仪器及基本操作	视频	23	
10	加热与冷却方法	视频	31	
11	固液分离技术	视频	36	

续　表

序号	资 源 名 称	类型	页码	二维码
12	溴水中溴的萃取与分离	视频	51	
13	pH 计的使用	视频	59	
14	分光光度计的使用	视频	63	
15	原电池	微课、PDF、动画	79	
16	五水硫酸铜的制备	视频	82	
17	硫酸亚铁铵的制备	视频	85	
18	盐酸浓度的标定	视频	99	
19	食醋总酸度的测定	视频	102	
20	● EDTA 标准溶液的配制与标定 ● 水硬度的测定	视频	110	
21	高锰酸钾溶液的配制和标定	视频	113	
22	元素周期律	视频、图片	封 3	

基础知识篇

第1章　化学实验室安全知识

慕课:化学实验室
安全知识课程

1.1　实验室水电安全及消防安全

了解实验楼自来水总阀的位置,发生水患时可及时关闭总阀;实验中的冷却水要保持畅通,以免发生事故;避免自来水打开而无人监管的现象;离开实验室要及时关水;遇停水事件,需关闭所有水龙头,以防漏水事故发生。

实验开始前应检测实验仪器的电线插座、插头是否有破损;仪器在使用过程中,不能离开,实验结束要及时关闭电源;若在仪器的使用过程中闻到焦煳味或发现有火花冒烟的情况,应立即关闭电源,如有明火发生,应马上用消防沙或灭火器灭火。

了解实验楼灭火器及消火栓箱的位置,掌握灭火器的使用方法;认识实验室安全疏散应急灯及安全疏散提示标志,在发生火灾时,指示撤离方向。

1.2　实验室危险化学品的使用安全

危险化学品是具有毒害、腐蚀、爆炸、燃烧、助燃等性质,对人体、设施、环境具有危害的剧毒化学品和其他化学品。在使用这些化学药品之前,应认真阅读危险化学品安全标签,明确危险品的主要有害组分标识,危险性描述及安全措施,使用过程中应佩戴防护用具,严格遵守操作规定,切勿接触衣服、皮肤,严防溅入眼睛从而导致失明。

1.3　实验室废弃物的安全

实验室废弃物分为实验室废液及实验室废弃试剂瓶。化学实验室废液按其化学性质分为有机化学类实验室废液和无机化学类实验室废液两大类,在实验过程中产生的液体废弃物应按照性质分类倒入相应的废液桶。严禁将有毒、有害、强腐蚀性试剂及液体倒入水池中。倾倒大量废液时,应使用漏斗以防止漏出。废液桶在使用过程中,存储的废液一般为总容量的70%～80%,不宜过满。实验过程中产生的空试剂瓶不能随意丢弃在垃圾桶中,应统一放置在实验室废试剂瓶回收筐中,由实验室安排专门人员进行统一回收。

1.4 实验室个人安全防护

实验室个人安全防护用品包括防护服、护目镜、防护手套、防毒面罩、急救箱、洗手液等。基础实验的开设过程中，要求所有的学生穿好白大褂后方可开始实验；护目镜可以防护眼睛和面部免受化学溶液、粉尘、金属和其他物品的伤害，在强酸或强碱移取操作，观察实验现象及进行其他危险操作时，必须配戴护目镜；在进行特殊操作时需使用防护手套，且不得戴手套拿取公共用品；防毒面罩能够防御有害气体、烟尘等对呼吸系统的损害，保证实验人员在有毒或粉尘环境下能够正常呼吸。在日常实验过程中经常会发生一些突发性事故，因此，在化学实验室配备急救箱非常重要，有效地急救处理能够降低伤害，甚至可以为挽救受伤人员的生命赢得时间。实验结束后必须认真用洗手液洗手。

1.5 实验室常见事故应急处理与急救

基础化学实验室大量使用化学试剂，人员流动性大，容易发生各类安全事故，如何对事故的科学处理显得尤为重要。目前，基础化学实验室存在的常见事故包括割伤、起火、触电、烧伤、酸碱腐蚀、吸入有毒气体、化学品溅到身体上等。

1. 割伤

先观察有无异物，有异物应先用消毒过的镊子取出异物。伤口较浅时，用清水清洗伤口，用创可贴或医用纱布进行包扎；伤口较深，出血较多时，应立即止血，并立即送医院治疗。

2. 起火与烧伤

电器起火，不能用水扑灭，首先应切断电源，再用灭火器灭火，有机物着火，用湿毛巾或消防沙扑灭，火势较大时，用灭火器进行灭火；触电：本着先断电后救人的原则，及时采用绝缘体将伤者与电源隔开，必要时进行人工呼吸等急救措施，并及时拨打急救电话。

被火、高温物体烧伤后，应立即用冷水浸泡处理，再涂抹烧伤膏，严重烧伤者应尽快送医院；酸碱腐蚀：首先，应立即用大量清水冲洗，然后酸腐蚀采用饱和碳酸钠溶液或稀氨水清洗，碱腐蚀应使用1%～2%硼酸或醋酸溶液清洗，再用水洗，涂上凡士林。

3. 吸入有毒气体

吸入溴蒸气、氯气、氯化氢时，可吸入少量酒精和乙醚的混合气体解毒。吸入硫化氢气体，应立即到户外呼吸新鲜空气；化学品溅到身体上应立刻脱掉被污染的衣服，用喷淋器或水龙头进行快速冲洗至少15分钟，并确认化学品没有进入鞋内。

4. 酸液或碱液溅入眼睛

应立即先用大量水冲洗。若为酸液，可再用1%碳酸氢钠溶液冲洗；若为碱液，可再用1%硼酸溶液冲洗；最后用水洗。重伤者经初步处理后，急送医院治疗。

5. 皮肤被酸、碱灼烧

应立即先用大量水冲洗。若为酸液灼伤，可再用饱和碳酸氢钠溶液清洗；若为碱液灼伤，可再用1%醋酸溶液冲洗；最后用水洗。再涂上药用凡士林。重伤者经初步处理后，急送医院治疗。

1.6　实验室注意事项

(1) 必须遵守实验室的各项规章制度，听从老师的指导，尊重实验室工作人员的职权。

(2) 实验前应仔细检查所用仪器、试剂是否完好、充足，发现仪器破损无法正常实验或者试剂不充足时，及时找指导老师更换仪器或者补偿试剂。

(3) 实验过程中应仔细检查仪器。要求操作正确、严格。

(4) 实验过程中保持实验台面清洁、水槽保持干净，爱护实验仪器，任何固体物质不能投入水槽中。废纸等常规固体垃圾需投入指定垃圾桶，实验废固和废液需分别投入或小心倾倒入指定回收桶或废液缸。

(5) 实验过程中，非经老师允许，不得擅自离开，实验过程中应认真观察实验现象，做好实验记录，遇到问题及时向老师提出。

(6) 所有药品及仪器需在指定地点使用并保持整洁，不得擅自挪动。

(7) 要保持药品架的整洁，节约使用药品。

(8) 实验结束后，按指导教师要求摆放好实验仪器，清洁好实验台面，值日生做好教室的全面清理工作，经指导教师允许后方可离开实验室。离开前，需检查水、电、门窗等关闭。

第 2 章　化学实验常用仪器、洗涤方法与实验室用水

实体图：常用仪器

2.1　常用基本仪器

化学是一门实验科学，化学实验离不开基本的实验仪器。表 2－1 就是常用的实验仪器。

表 2－1　化学实验常用基本仪器

仪　器	规　格	主要用途	使用注意事项
 酒精灯	玻璃材质。	给化学实验提供热源。	加入的酒精量不得超过酒精灯容积的 2/3；利用酒精灯的外焰加热。
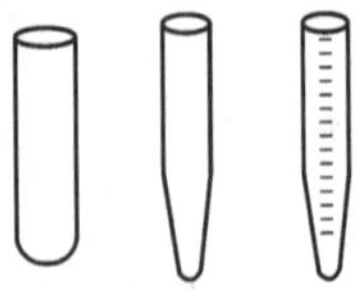 试管、离心管	以容积表示，如 10 mL、15 mL、25 mL 等。	普通试管用作少量试剂的反应容器，离心试管用于沉淀分离。	普通试管可加热，盛装反应液体不能超过其容量的 1/2。试管加热时，试管夹夹在试管的中上部。
 烧杯	以容积表示，如 50 mL、100 mL、500 mL 等。	反应物较多时的反应容器，还可用以配制溶液。	加热时底部须垫石棉网，使其受热均匀。
 试剂瓶	玻璃或塑料材质、无色或棕色、广口或细口。以容积表示，如 50 mL、100 mL、500 mL 等。	广口瓶盛装固体试剂，细口瓶盛装液体试剂。	不能直接加热。取用试剂时瓶盖倒放在桌上。碱性物质用橡皮塞或塑料瓶。见光易分解的试剂应用棕色瓶。

续　表

仪　器	规　格	主要用途	使用注意事项
 锥形瓶	以容积表示，如100 mL、250 mL、500 mL 等。	反应容器，摇荡方便，适用于滴定操作。	可加热，加热时底部须垫石棉网，使其受热均匀。
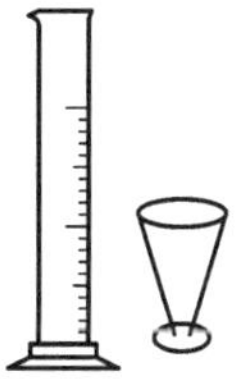 量筒和量杯	以其最大容积表示，如10 mL、100 mL、250 mL、500 mL 等。	液体体积计量。	不能直接加热。
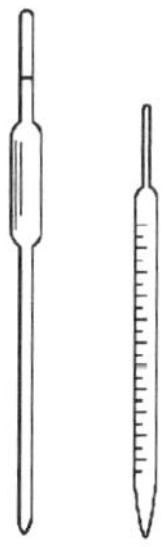 移液管和吸量管	以其最大容积表示，如1 mL、2 mL、5 mL、10 mL、25 mL、50 mL 等。	精确量取一定体积的液体。	不能直接加热，一般与容量瓶配合使用。
 容量瓶	以其最大容积表示，如25 mL、100 mL、250 mL 及 1000 mL 等。	配制准确浓度的溶液。	不能直接加热。不能在其中溶解固体。一般与移液管配合使用。
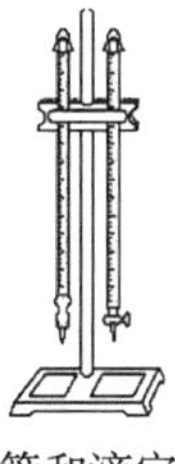 滴定管和滴定管架	分酸式和碱式滴定管，有无色和棕色。以容积表示，如 25 mL、50 mL 等。	滴定管用于滴定操作或精确量取一定体积的液体。滴定管架用于夹持滴定管。	酸式滴定管盛装酸性溶液或氧化性溶液，碱式滴定管盛装碱性溶液或还原性溶液，不能混用。见光易分解的滴定液应用棕色滴定管。若滴定管里是聚四氟乙烯活塞，则酸碱通用。
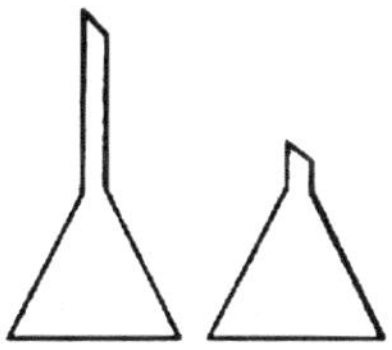 漏斗	以口径大小表示，如4 cm、6 cm 等。	用于过滤操作。	不能直接加热。

续 表

仪 器	规 格	主要用途	使用注意事项
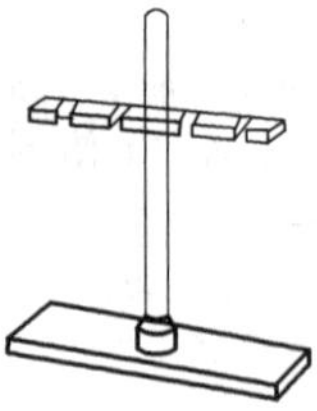 漏斗架	木制或铁制。	过滤时承放漏斗。	漏斗板高度可调。
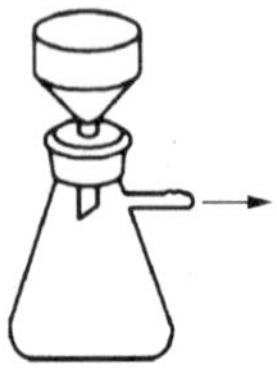 布氏漏斗和吸滤瓶	布氏漏斗以直径表示，如 4 cm、8 cm、10 cm 等。吸滤瓶以容积表示，如 250 mL、500 mL 等。	用于减压过滤。	不能直接加热。
 表面皿	以直径表示，如 7 cm、9 cm、12 cm 等。	盖在烧杯上以防液体溅出。	不能直接加热。
 蒸发皿	瓷质，以容积表示，如 50 mL、100 mL 等。	用以蒸发、浓缩。	能直接加热，可耐高温，注意高温时不能骤冷。
 坩埚	坩埚有瓷、石英、镍、铂等材质。以容积表示，如 30 mL、50 mL 等。	用以灼烧固体。坩埚钳用以夹持坩埚和坩埚盖。	坩埚能直接加热，可耐高温，注意高温时不能骤冷。
 泥三角	有不同大小。	用以承放坩埚和蒸发皿。	高温时不能骤冷。
 研钵	有瓷、玻璃、玛瑙等材质。以口径表示，如 9 cm、12 cm 等。	用以研磨固体物质。	不能直接加热。大块物质只能压碎，不能敲击。

续　表

仪　器	规　格	主要用途	使用注意事项
 滴瓶	有无色和棕色。以容积表示，如 60 mL、125 mL 等。	盛放少量液体试剂。	见光易分解的试剂应用棕色瓶。碱性物质用带橡皮塞的滴瓶。
 称量瓶	有扁形和高形。以外径×高表示，如 25 mm×40 mm、50 mm × 30 mm 等。	用于准确称量固体样品。	不能直接加热。盖与瓶配套不能互换。
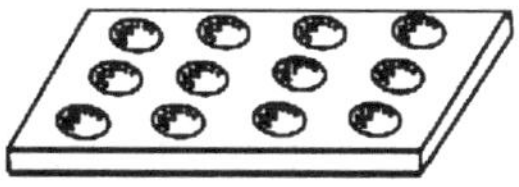 点滴板	瓷质，按凹穴数目分六穴、九穴、十二穴等。	用于点滴反应，特别是显色反应。	不能直接加热。
 洗瓶	以容积表示，如 250 mL、500 mL 等。	盛装蒸馏水用以洗涤。	塑料洗瓶不能直接加热。
 干燥器	以直径表示，如 10 cm、15 cm、18 cm 等。	存放样品保持干燥。	使用时应检查干燥剂是否失效。
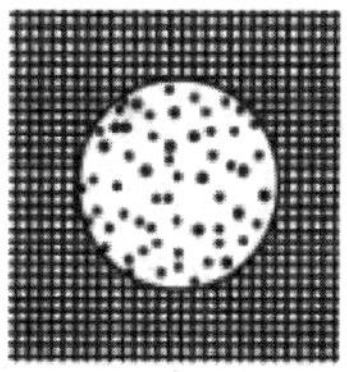 石棉网	以边长表示，如 15 cm×15 cm、20 cm × 20 cm 等。	支承受热容器，使受热均匀。	不能与水接触。

续　表

仪　器	规　格	主要用途	使用注意事项
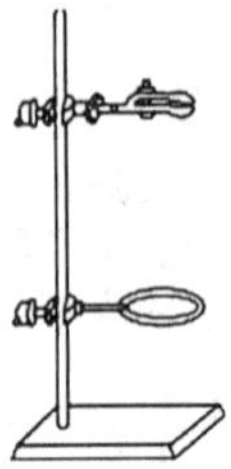 铁架台		用于固定反应容器。	可根据情况适当调整铁圈、铁夹高度。

2.2　常用洗涤方法及干燥

视频：洗涤及干燥

1. 玻璃仪器的洗涤

化学实验所用的玻璃仪器必须是十分洁净的，否则会影响实验效果，甚至导致实验失败。洗涤玻璃仪器的方法很多，应根据实验的要求、污物性质和玷污程度来选择。一般来说，附着在仪器上的污物既有可溶性物质，也有尘土和其他不溶性物质，还可能有有机物质和油污等，需针对不同污物“对症下药”，选用适当的洗涤方法来洗涤。常见的洗涤方法有：

(1) 刷洗法

用水和毛刷刷洗仪器，可以洗掉仪器上附着的尘土、可溶性物质和易脱落的不溶性物质，用毛刷刷洗时，不可用力过猛，以免戳破仪器。有刻度的量器不能用毛刷刷洗，但现在有专用软毛刷，也可刷洗，比如有滴定管专用毛刷，移液管专用毛刷等。

(2) 去污粉洗涤法

去污粉是由碳酸钠、白土、细沙等混合而成，它是利用碳酸钠的碱性具有强的去污能力，细沙的摩擦作用，白土的吸附作用的特性，增加了对仪器的清洗效果。先将待洗仪器用少量水湿润后，加入少量去污粉，用毛刷刷洗，最后用自来水冲洗掉去污粉颗粒，并用去离子水洗去自来水中的钙、镁、氯、铁等离子，每次去离子水的用量要少(少量多次的原则)。其他合成洗涤剂也有较强的去污能力，使用方法类似于去污粉。

(3) 铬酸洗液法

铬酸洗液是由浓硫酸和重铬酸钾配制而成的(配制方法：将 25 g 重铬酸钾置于烧杯中，加 50 mL 水，搅拌，然后慢慢加入 450 mL 浓硫酸，边加边不断振荡，使热量尽快释放)，呈深褐色，具有强酸性，铬酸洗液对有机物、油污等去污能力非常强。太脏的仪器应用水冲洗并倒尽残留的水后，再加入铬酸洗液润洗，以免洗液被稀释。洗液可反复使用，用后倒回原瓶并盖紧瓶盖，以防吸水。当洗液由深褐色变为绿色时即失效，可再加入适量重铬酸钾溶解后继续使用。实验中常用的滴定管、移液管、容量瓶等具有精确刻度的玻璃器皿，最好选择用洗液洗。操作时，需戴好塑料手套，把少量的铬酸洗液小心地倒进滴定管或容量瓶中，或用吸耳球吸入少量的铬酸洗液于移液管中，慢慢转动玻璃仪器，使铬酸洗液充分润湿玻璃仪器的每个角落，然后小心地把玻璃仪器中的铬酸洗液倒回洗液瓶中。由于铬酸洗液具有很强的腐蚀性和毒性，故近年来较少使用。用氢氧化钠/乙醇溶液洗涤附着在玻璃器皿上的有机物，效果也不错。

(4)“对症”洗涤法

针对附着在玻璃器皿上不同物质的性质，采用特殊的洗涤法。如硫磺用煮沸的石灰水洗，难溶硫化物用 HCl/HNO_3 洗，铜或银用 HNO_3 洗，AgCl 用氨水洗，煤焦油用浓碱洗，MnO_2 用浓盐酸洗等。

洗净的玻璃仪器的内壁应能被水均匀地湿润而不挂水珠，并且无水的条纹。

2. 玻璃仪器的干燥

根据后续使用需要，需对洗净的玻璃仪器采用合适的干燥方法进行干燥，常用干燥方法有自然晾干、烘干和热(冷)风吹干等。

(1) 晾干

对不急用的、仅要求一般干燥的仪器，可在纯水洗涤后，在无尘处倒置晾干水分，任其自然干燥，如置于安有斜木钉的架子上或带有透气孔的玻璃柜里。

(2) 吹干

急需干燥的仪器，可用吹风机吹干。通常先用热风吹干仪器内壁，再吹冷风使仪器冷却。

(3) 烤干

对于急用的玻璃仪器还可以在石棉网上烤干。试管可直接用酒精灯烤干，但要从底部烤起，把试管口向下，以免水珠倒流把试管炸裂，烘至无水珠时，把试管口向上赶净水汽(如图 2-1)。

(4) 烘干

洗净的仪器控去水分，可置于 105～120 ℃的电烘箱(如图 2-2)中 1 h 左右烘干。也可放在红外灯干燥箱中烘干。此法适用于一般仪器。称量用的称量瓶等烘干后要放在干燥器中冷却和保存。带实心玻璃塞及厚壁仪器烘干时要注意慢慢升温并且温度不可过高，以免烘裂。注意：量器不可放于烘箱中烘干。

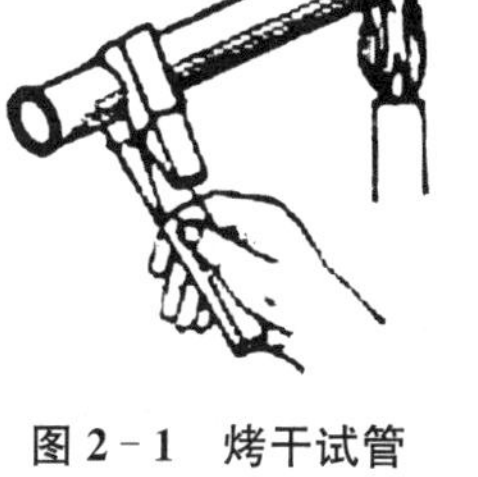

图 2-1　烤干试管

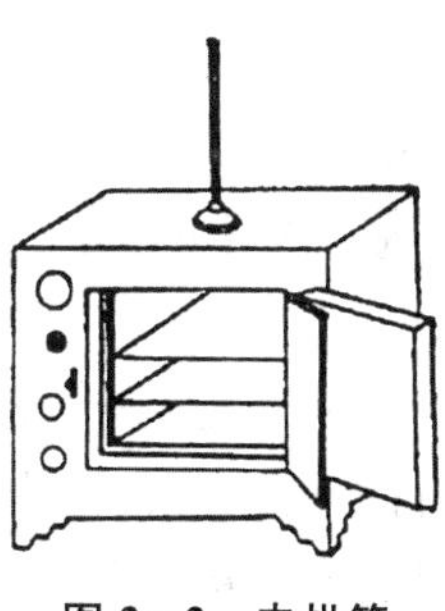

图 2-2　电烘箱

(5) 有机溶剂干燥

对于有刻度的仪器、急于干燥的仪器或不适合放入烘箱的较大的仪器，可采用有机溶剂干燥的办法。通常将少量与水互溶的易挥发有机溶剂(如乙醇、丙酮等)倒入已控去水分的仪器中摇洗,控净溶剂(溶剂要回收),然后用电吹风吹,开始用冷风吹 1～2 min,当大部分溶剂挥发后吹入热风至完全干燥,再用冷风吹残余的蒸气,使其不再冷凝在容器内。此法要求通风好,防止中毒;不可接触明火,以防有机溶剂爆炸。

2.3 实验用水规格、制备与检验

在化学实验中,根据任务和要求的不同,对水的纯度要求也不同。对于一般的分析实验工作,采用蒸馏水或去离子水即可,而对于超纯物质的分析,则要求纯度较高的"高纯水",应根据所做实验对水质量的要求,合理选用不同规格的纯水。制备纯水的方法不同,带来的杂质情况也不同。我国已建立了实验室用水规格的国家标准(GB/T 6682—92),其中规定了实验室用水技术指标、制备方法及检验方法等。

1. 实验用水规格

实验室用水级别及主要指标见表 2 - 2。

表 2 - 2 实验室用水级别及主要指标

指 标 名 称	一级	二级	三级
pH 范围(25 ℃)	—	—	5.0～7.5
电导率 $\kappa/(\mu S \cdot cm^{-1})$(25 ℃)	≤0.1	≤1.0	≤5.0
吸光度 A(254 nm,1 cm 光程)	≤0.001	≤0.01	—
可溶性硅(以 SiO_2 计)/$(mg \cdot dm^{-3})$	≤0.01	≤0.02	—
可氧化物的限度实验	—	符合	符合

标准中只规定了一般技术指标,但在实际工作中,有些实验对水有特殊要求,有时还要对 Cl^-、Fe^{3+}、Cu^{2+}、Zn^{2+}、Pb^{2+}、Ca^{2+}、Mg^{2+} 等离子及细菌进行检验。

2. 纯水的制备方法

制备实验室用水的原料水应当是饮用水或其他适当纯度的水。如有污染,则必须进行预处理。目前制备纯水的方法主要有:

(1) 蒸馏法

蒸馏法将自来水或纯净的天然水在蒸馏装置中加热气化,再通过冷凝装置将水蒸气冷凝下来,所制得的纯水通常称为蒸馏水。蒸馏法使用的蒸馏器一般用玻璃、铜、石英等材料制成。蒸馏法设备成本低,操作简单,但能量消耗大,且只能除去水中非挥发性杂质,不能完全除去溶解在水中的气体。

(2) 离子交换法

离子交换法是应用离子交换树脂分离出水中的杂质离子的方法。将自来水通过装有阳离子树脂和阴离子树脂的离子交换柱，利用离子交换树脂中活性基团与水中的杂质离子进行交换作用，除去水中的杂质离子。用这种方法制得的纯水通常称为去离子水。离子交换法的优点是制备的水量大、成本低、去离子效果好。缺点是设备及操作较复杂，不能除去水中的非离子型杂质，因此去离子水中常含有微量的有机物。

(3) 电渗析法

电渗析法是在离子交换技术基础上发展起来的一种方法。它是在直流电场的作用下，将自来水通过阴、阳离子交换膜组成的电渗析器，利用阴、阳离子交换膜对水中阴、阳离子的选择性透过，使杂质离子从水中分离出来。

三级水是最普通使用的纯水，适用于一般化学分析实验。除直接使用于某些实验外，还用于制备二级水乃至一级水。过去多采用蒸馏法制备，故通常称为蒸馏水。目前多采用离子交换法、电渗析法制备。

二级水可含有微量的无机、有机或胶态杂质。可用离子交换或多次蒸馏等方法制取。二级水主要用于无机痕量分析实验，如原子吸收光谱分析、电化学分析实验等。

一级水基本上不含溶解或胶态离子杂质及有机物。可用二级水经过石英设备蒸馏或离子交换混合床处理后，再经 0.2 μm 微孔滤膜过滤来制取。一级水主要用于有严格要求的分析实验，包括对微粒有要求的实验，如高效液相色谱分析用水。

3. 纯水的检验

纯水的检验有物理方法和化学方法两类。纯水检验的主要项目：

(1) pH　用酸度计测定与大气相平衡的纯水的 pH。

(2) 电导率　水的电导率越低(水的导电能力越弱)，水中阴、阳离子的含量越少，水的纯度越高。

(3) 吸光度　将水样分别注入 1 cm 和 2 cm 的比色皿中，于紫外-可见分光光度计上 254 nm 处，以 1 cm 比色皿中水为参比，测定 2 cm 比色皿中水的吸光度。

(4) SiO_2的测定　一级、二级水中的 SiO_2可按 GB/T 6682—92 方法中的规定测定。通常使用的三级水可测定水中的硅酸盐。方法：取 30 mL 水于一小烧杯中，加入 4 mol·L^{-1}硝酸 5 mL，5%钼酸铵溶液 5 mL，室温下放置 5 分钟后，加入 10%亚硫酸钠溶液 5 mL，观察是否出现蓝色。如呈现蓝色，则不合格。

(5) 可氧化物的限度实验　将 100 mL 二级水或三级水注入烧杯中，然后加入 10.0 mL 1 mol·L^{-1}硫酸溶液和 1.0 mL 0.002 mol·L^{-1}的高锰酸钾溶液，盖上表面皿，将其煮沸并保持 5 分钟，与置于另一相同容器中不加试剂的等体积的水样做比较。此时溶液呈淡红色，不完全褪色为合格。

另外，在某些情况下，还应对水中的 Cl^-、Fe^{3+}、Cu^{2+}、Zn^{2+}、Pb^{2+}、Ca^{2+}、Mg^{2+} 等离子进行检验。检测 Cl^- 可取 10 mL 待检测的水，用 4 mol·L^{-1}的硝酸酸化，加 2 滴 1%硝酸银溶液，摇匀后如有白色乳状物则不合格。检测金属离子的一种简易方法，取水 25 mL，加一滴 0.2%铬黑 T 指示剂，pH=10 的氯化铵-氨水缓冲溶液 5 mL，如呈现蓝色，说明 Fe^{3+}、Zn^{2+}、Pb^{2+}、Ca^{2+}、Mg^{2+} 等阳离子含量甚微，水质合格，如呈现紫红色，则说明水不合格。

第3章 化学实验基本要求

3.1 实验预习

为使实验能达到预期目的，实验前要做好充分的预习和准备工作，做到心中有数。对实验中可能遇到的问题，应查阅有关文献，确定正确的实验方案，使实验得以顺利进行。预习要求如下：

(1) 认真阅读实验教材中的相关内容，学习与实验有关的基本理论。

(2) 明确本次实验的目的、要求并了解实验内容、原理和方法。

(3) 了解实验具体的操作步骤、仪器的使用及注意事项。

(4) 查阅有关数据，获得实验所需相关常数。

(5) 估计实验中可能发生的现象和预期结果，对于实验中可能会出现的问题，要明确防范措施和解决办法并写好简明扼要的预习报告。

3.2 实验现象观察、数据记录与处理

1. 现象观察

按照实验教材上规定的方法(或设计性实验中自己设计的实验方案)、步骤和试剂用量进行实验，并做到以下几点：

(1) 认真而规范地操作，仔细观察实验现象、测定实验数据，及时、如实地做好实验记录。

(2) 实验过程中应积极思考，发现问题仔细分析，力争自己解决问题。若自己难以解决，可与同学讨论或请教指导教师。

(3) 若发现实验现象与理论不符，或实验结果达不到要求，应认真分析和查找原因(也可做对照试验、空白试验等核对)，经指导教师同意后重做实验。

(4) 实验过程应保持肃静和实验室整洁，严格遵守实验室工作规则。

2. 实验数据的记录与处理

实验中经常需要记录一些实验数据，如称量物质的重量、滴定中消耗的溶液的体积

等。实验数据的记录应保证完整性、客观性与真实性，要求做到以下几个方面：

(1) 学生在做实验时，数据记录应用专门标注好的记录本，记录中不得撕去任何一页。不能将实验数据记录在单页纸或小纸片上，更不能随意记在任意地方。

(2) 实验记录的内容包括：时间、地点、室温、气压、实验名称、同组人姓名、操作过程、实验现象、实验数据、异常现象等。

(3) 实验过程中的各种测量数据及有关现象的记录，应及时、准确、清楚。不要事后根据记忆追忆，那样容易错记或漏记。在记录实验数据时，一定要持严谨科学的态度，实事求是，切忌带有主观因素，更不能为了追求某个结果，擅自更改数据。

(4) 实验记录上的每一个数据，都是测量结果，因此在重复测量时，即使数据完全相同，也应记录下来。

(5) 所记录数据的有效数字应体现出实验所用仪器和实验方法所能达到的精确度。

(6) 实验记录切忌随意涂改，如发现数据测错、读错等，需要改正时，应先将错误的记录用一斜线划去，再在其上方或右边写上修改后的内容。

(7) 实验过程中涉及的仪器型号、标准溶液的浓度等，也应及时准确记录下来。

(8) 记录应简明扼要、字迹清楚。实验数据最后采用表格形式记录。

3. 有效数字及运算规则

视频：有效数字及运算规则

(1) 有效数字的概念

在科学实验中，实际能测量到(或从仪器上能直接读出)的数字叫有效数字。在这个数字中，除最后一位数是“可疑数字”(估计读数，也是有效数字)，其余数字都是准确的。

有效数字与数学上的数字含义不同。它不仅表示量的大小，还表示测量结果的可靠程度，反映所用仪器和实验方法的准确度。例如，某物体在托盘天平上称量质量为11.2 g，为三位有效数字，如果在分析天平上称量质量为 11.216 6 g，它的有效数字是六位。所以，记录数据时不能随意书写。任何超越或低于仪器准确限度的有效数字的数值都是不恰当的。

1～9 都是有效数字，若数字有“0”时，则要具体分析。“0”有时为有效数字，有时只起定位作用。用表 3－1 来说明：

表 3－1　有效数字位数

数　值	36.00	36.0	3.6	0.306 0	0.030 60	0.003 6
有效数字位数	4 位	3 位	2 位	4 位	4 位	2 位

表 3－1 中 36.00 和 36.0 中的“0”都是有效数字；在 0.030 60 中，“3”左边的 2 个“0”不是有效数字，仅表示位数，只起定位作用，而“3”右边和“6”右边的“0”是有效数字，这个数的有效数字为 4 位。有些数字，如自然数 36 000 等，有效数字位数不明，因后边的“0”可能是有效数字，也可能只起定位作用，为明确有效数字的位数，应采用如下表达形式，例如

36 000 记为 3.6×10^4 表示 2 位有效数字；记为 3.60×10^4 表示 3 位有效数字。注意：在变换单位时，有效数字位数不能变，如 5.6 m＝5.6×10^3 mm。

计算中涉及的一些常数，如 π、e(自然对数的底)，以及一些自然数，如 4 mol 铜的质量＝4 mol×63.54 g·mol^{-1}式中的“4”等，可以认为其有效数字很多或无限多。

(2) 数字修约规则

在处理数据过程中，需要遵循一定的规则来确定各测量值的有效数字位数。各测量值的有效数字位数确定以后，就要将它后面多余的数字舍弃。舍弃多余数字的过程称为数字修约过程，现在计算器使用普及，可遵循先计算后修约的原则。数字修约规则目前一般采用“四舍六入五成双”规则。即当尾数≤4 时，弃去；当尾数≥6 时，进位；当尾数＝5 时，若后面跟非零的数字，进位，若恰好是 5 或 5 后面跟零时，按留双的原则，5 前面数字是奇数，进位；5 前面的数字是偶数，舍弃。根据这一规则，若将 5.145 和 6.265 3 处理成三位有效数字时，则分别为 5.14 和 6.27。

(3) 有效数字的运算规则

在加减法运算中，和或差的有效数字保留位数，取决于这些数据中小数点后位数最少的一个，即与其中绝对误差最大的位数相同。运算时，首先确定有效数字保留的位数，计算后根据确定的位数再进行修约。

例如：0.043，10.36 及 1.001 5 相加时，计算结果的有效数字位数取决于 10.36，应保留到小数点后第二位，结果为 11.40。

在乘除运算中，计算结果的有效数字的位数与有效数字位数最少的一个数相同，而与小数点的位置无关。

例如：计算 0.023 1×12.56×1.002 5 时，计算结果的有效数字位数取决于 0.023 1，应保留三位，结果为 0.291。

在对数运算中，所取对数尾数应与真数有效数字位数相同。这是因为对数值的有效数字只由尾数部分的位数决定，首数部分不是有效数字。如 $c(H^+)=5.7\times10^{-4}$ mol·L^{-1}，这是两位有效数字，所以 $pH=-\lg c(H^+)/c^{\ominus}=3.24$，有效数字仍只有两位。

在较复杂的计算过程中，中间各步可暂时多保留 1 位不定值数字，以免多次舍弃，造成误差的积累。最后表示计算结果时再弃去多余的数字。

目前，由于电子计算器的普及，使用计算器计算时结果数值的位数较多，虽然在运算过程中不必对每一步计算结果进行位数确定，但应注意正确保留最后计算结果的有效数字位数。

3.3 数据表达与实验报告

1. 数据表达

实验所得数据往往较多，在这些数据中有些是能用的，有些是不能用的，有些则是可疑的。为了清晰明了地表示实验结果，形象直观地分析实验结果的规律，需要对实验数据进行处理。在化学实验中，数据的处理与结果表达主要有列表法和作图法。

(1) 列表法

列表法是表示实验数据最常用的方法之一。把实验数据列入简明合理的表格中，使得全部数据一目了然，便于处理和运算。列表时要注意以下几点：

① 每一个表格都应有表的顺序号、表的名称、表中行或列数据的名称、单位和数据等内容。

② 正确地确定自变量和因变量，一般先列自变量，再列因变量，每个变量占表格一行或一列，数据排列要整齐，按自变量递增或递减的次序排列，以便显示变化规律。应注意有效数字的位数，小数点对齐。

③ 表中数据应以最简单的形式表示，公共的乘方因子应在第一栏名称下注明。

④ 原始数据可以和处理结果并列在一张表中，处理方法和运算公式在表下注明。

(2) 作图法

利用图形表达实验结果能直接显示数据的特点、变化规律，并能利用图形求得变量的中间值，确定经验方程中的常数等。利用作图法能否得到良好的结果，与作图技术的高低有十分密切的关系。下面简单介绍用直角坐标纸作图的要点：

① 正确选择坐标轴比例尺。坐标轴比例尺的选择原则：

图上读出的各种量的精密度和测量得到原始数据的精密度一致，即图上的最小分度与仪器的最小分度一致，要能表示出全部的有效数字。

坐标纸每小格所对应的数值应便于迅速、简单地读出和计算，一般多用 1、2、5、10 的倍数，因为这些数值易于描点和读出。

在上述条件下，应尽量充分利用图纸的全部面积，使实验数据均匀分布于全图，提高图的精密度。横坐标原点不一定从零开始，若图形为直线或近乎直线的曲线，应尽可能使直线与横坐标夹角接近 45°，角度过大或过小都会带来较大的作图误差。

② 把测得的数据即原始数据点(实验点)画到图上，这些点要能表示正确的数值。若在同一图纸上画几条线，则每条线的实验点需用不同的符号(如“○”“⊙”“●”“◇”“■”“△”)表示。

③ 在图纸上画好实验点后，根据实验点的分布情况，绘制直线或曲线。绘制的直线或曲线应尽可能接近或贯穿所有的点，使线两边点的数目和点离线的距离大致相同，而不必要求它们通过全部实验点。画线的具体方法：先用笔轻轻地按实验点的变化趋势，手描一条曲线，然后再用曲线板逐段拟合手描曲线做出光滑的曲线。

④ 图作好后，要标明图的名称，注明坐标轴代表的量的名称、单位、数值大小以及主要测量条件等。

目前，还可利用一些数据处理软件(Word、Excel、Origin 等)对实验数据进行处理和分析，能够方便快捷地得到较多的结果信息。

视频：Excel 在数据处理中的应用

2. 实验报告

实验报告是每次实验的记录、概括和总结，也是对实验者综合能力的考核。每个学生在实验结束后都必须及时、独立、认真地完成实验报告，这是整个实验过程中必不可少的重要环节。实验报告应能总结实验情况，分析实验中出现的问题，整理归纳出实验结果，并对实验中出现的问题进行讨论。主要包括以下内容:实验目的、实验原理、实验步骤、实验装置、实验数据、实验现象、实验结果(包括数据处理)、问题与讨论等。

书写实验报告应字迹端正,简明扼要,图表清晰,形式规范。实验报告的格式因实验内容的不同而有差异,下面举出三种实验报告格式,仅供参考。

样例:实验报告

(1) 物质制备实验报告

实验(　　)________________

专业________ 班级________ 姓名________ 学号________ 日期________

一、实验目的

二、实验原理

三、主要仪器及试剂

四、实验内容及步骤

五、数据记录及处理

制备化合物名称	
反应物质量/g	
产率/%	

六、问题与讨论

(2) 物理量测量实验报告

实验(　　)________________

专业________ 班级________ 姓名________ 学号________ 日期________

一、实验目的

二、实验原理

三、主要仪器及试剂

四、实验内容及步骤

五、数据记录及处理

实验序号	Ⅰ1	Ⅱ2	Ⅲ3
平均值			

六、问题与讨论

（3）性质实验报告

实验（　　）________________

专业________　班级________　姓名________　学号________　日期________

一、实验目的

二、主要仪器及试剂（可略）

三、实验内容

<table>
<tr><th colspan="2">实验内容</th><th>实验现象</th><th>离子方程式</th><th>解释及结论</th></tr>
<tr><td rowspan="2"></td><td></td><td></td><td></td><td></td></tr>
<tr><td></td><td></td><td></td><td></td></tr>
<tr><td></td><td></td><td></td><td></td><td></td></tr>
</table>

四、问题与讨论

第4章 化学实验基本操作

4.1 天平的种类及使用方法

天平是化学实验室重要的称量仪器。常用的天平种类很多，如台秤、半自动电光天平和电子天平等。台秤和半自动电光天平是根据杠杆原理设计制成的。电子天平是最新发展的一类天平，它利用电磁力来平衡样品的重力，其特点是称量准确可靠、显示快速清晰，具有自动校准、自动显示、去皮重、自动数据输出、自动故障寻迹、超载保护等多种功能，现已广泛进入化学实验室被学生们使用。本书主要介绍电子天平的使用方法。

4.1.1 称量原理

电子天平是基于电磁学原理制造的，它利用电子装置完成电磁力补偿的调节或电磁力矩的调节，使物体在重力场中实现力矩的平衡，准确度高，稳定性好。当秤盘上放置物体时，传感器的位置检测器信号发生变化，并通过放大器反馈使传感器线圈中的电流增大，使电流在恒定磁场中产生一个反馈力与所加载荷相平衡；同时，该电流在测量电阻 R_m 上的电压值通过滤波器、模/数转换器送入微处理器，进行数据处理，最后由显示器自动显示出被称物的重量。

4.1.2 电子天平的分类

电子天平按精度分类可分为以下几类：

(1) 超微量电子天平：最大称量为 2～5 g，其分度值小于(最大)称量的 10^{-6}。

(2) 微量天平：称量范围一般在 3～50 g，其分度值小于(最大)称量的 10^{-5}。

(3) 半微量天平：称量范围一般在 20～100 g，其分度值小于(最大)称量的 10^{-5}。

(4) 常量电子天平：最大称量一般在 100～200 g，其分度值小于(最大)称量的 10^{-5}，如 METTLER 的 AE200 型电子天平和岛津 AUY 系列电子天平均属于常量电子天平。

电子分析天平是常量天平、半微量天平、微量天平和超微量天平的总称。

4.1.3　电子天平的结构

图 4-1 为 METTLER 系列的电子天平。一般称量精度在 0.001 g 以上的带有防风玻璃罩,用于精确称量,精度在 0.01 g 以下的不带防风罩,用于一般称量。

图 4-1　各类型电子天平

视频:电子天平的使用

4.1.4　电子天平的简易操作步骤

(1) 清洁天平:用软毛刷除去天平称量室内的灰尘浮土等污物。

(2) 调水平:观察水平仪是否水平。如不水平,调整天平底部的水平调整脚使水平仪内空气泡位于圆环中央。

(3) 开机预热:轻按"POWER"(或"O/T"、"BREAK")键接通电源,开启天平,天平显示自检(所有字段闪现等)。

天平在初次接通电源或长时间断电之后,至少需要预热 30 min 以上,待显示屏上出现稳定的 0.000 0 g 即可开始称量。为取得理想的称量结果,应使天平保持待机状态。(首次使用天平必须对天平进行校正,METTLER 天平 AE 系列、AT 系列、AG 系列内校方法各不同,具体方法详看说明书。一般调校工作由专门人员负责。)

(4) 简单称量:打开天平侧门,将被称量物放在秤盘上(注意:化学试剂不能直接接触秤盘,应放在容器里或称量纸上),关闭侧门,待电子显示屏上闪动的数字稳定下来,出现指示符"→",读取的数字即为被称物重量。

如需进行"去皮"称量,先在秤盘上放置空容器,待出现稳定的数值后(不用读数)按下去皮键"TARE"(或"O/T"),使显示为 0.000 0 g(如将容器从天平上移去,去皮重量值会以负值显示,此值将一直保留到再次按"TARE"或"O/T"键或关机),然后向空容器中放置样品,此时所显示的数值即为样品净重值。

(4) 关机:称量完毕,取下被称物,按住"POWER"(或"O/T"或"BREAK")键直到显示出现"OFF"或"STANDBY"字样或者显示时间,松开该键即关机。不用拔下电源插头,保持通电状态,将天平处于待机、保温状态,可延长天平的使用寿命。但需清洁天平,盖上防尘罩。

附注:电子天平自重较轻,使用中容易因碰撞发生位移,可能导致水平改变,故使用过程中动作要轻。

4.1.5 电子天平的称量方法

使用电子天平称量，可根据被称物的不同性质，采用相应的称量方法。常用的称量方法有直接称量法、固定质量称量法和差减称量法。无论何种称量方法，称量时不得用手直接接触装被称物的容器和秤盘，应戴洁净干燥的手套，或用纸条包住称量容器。

1. 直接称量法

直接称量法适用于称量洗净并干燥的器皿如烧杯、表面皿、坩埚等；在空气中没有吸湿性的试样或试剂，如块状金属、合金等。将称量纸或外壁干燥的其他容器放在电子天平的秤盘上，到出现稳定的数据后按"TARE"（或"O/T"）键去皮，然后将金属或合金放到称量纸上或容器内，直到显示屏上显示所需质量的数值为止。干燥洁净的器皿直接放在天平秤盘上称取质量即可。

2. 固定质量称量法

固定质量称量法适用于称量某一固定质量的试剂（如基准物质）或试样（图 4-2）。这种称量操作的速度很慢，适用于不易吸潮、在空气中能稳定存在的粉末状或最小颗粒重量小于 0.1 mg 的样品。先将洁净干燥的容器（如小烧杯）放秤盘，待数据显示稳定时按去皮键，秤盘显示 0.000 0 g，将略少于固定质量的试样加入容器里，轻轻振动装试样的钥匙，让试样慢慢落入接收容器中，直到显示的数据为所需的质量为止。这种方法操作难度大，花费时间多，现在用得较多的是差减称量法。

3. 差减称量法

有些试样易吸水或在空气中性质不稳定，可用差减法称取（图 4-3）。差减法称量的试样，应将试样盛放在称量瓶内。称量瓶是具有磨口玻璃塞的小瓶，使用前必须洗净烘干，在干燥器内冷却至室温。称量过程中，称量瓶不能放在不干净的实验台上，也不能用手直接拿取，以免玷污称量瓶。

图 4-2 固定质量称量法

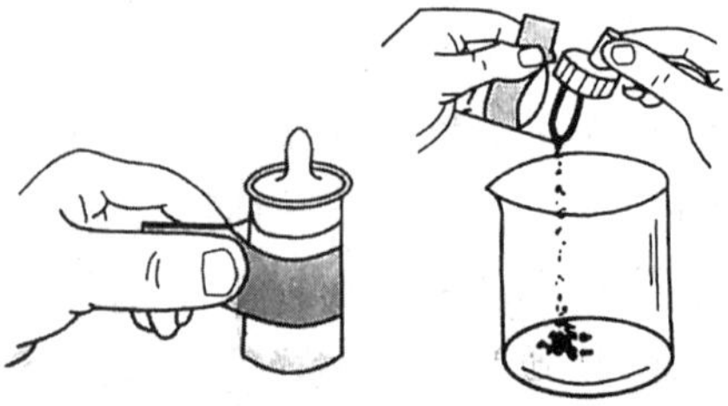

图 4-3 差减称量法

将试样装入一个洁净干燥的称量瓶中，戴手套取称量瓶，或干净的纸折成纸条套住称量瓶，将其放在秤盘上，称出称量瓶加试样的准确质量，按去皮键，仍用纸条套住称量瓶，取出称量瓶，右手戴手套或用一洁净小纸片包住称量瓶盖柄，在接收容器（如锥形瓶、烧杯）上方约 1 cm 处打开称量瓶盖，慢慢倾斜称量瓶，用瓶盖轻击瓶口（往前下方用力）使试样缓缓落入接收器中。估计敲出的试样接近所需量时，继续边敲边慢慢竖直称量瓶，用瓶盖敲击瓶口原部位（往后下方用力），使粘于瓶口的试样落回称量瓶中，盖好瓶盖。将称量瓶放回秤盘，显示屏读数即为倾倒出试样的负值。若倒出的试样量不够时，可将称量瓶取出继续敲出试样，再放入秤盘称量，如此操作直到倾出的质量在要求的称量范围内，即得第一份试样。再去皮清零，重复上述操作，称得第二份试样。这样可连续称取多份试样。

若敲出质量大大超出所需质量时，则需重称。已敲出试样不能收回，只能弃去。

4.1.6　电子天平的使用注意事项

(1) 天平应放在牢固的工作台上，避免震动、阳光直射及气流的侵袭。

(2) 天平使用前要将水平仪气泡调至中间位置，并按说明书要求预热。

(3) 天平室内温湿度应恒定，温度应在 20 ℃，湿度应在 50%左右。

(4) 称量的样品，必须放在适当的容器中，不得直接放在秤盘上；称量易挥发或有腐蚀性物品时，应放在密闭容器中称量；不得称量热的物体。称量物体不得超过天平的负载。

(5) 经常对电子天平进行自校或定期外校，保证天平处于最佳状态。如果天平使用中出现故障应及时维修，不得带“病”工作。

(6) 天平长期不用应拔掉电源。

4.2　常用容量仪器及基本操作

视频演示

4.2.1　量筒

量筒用于量取一定体积的液体，可根据需要选用不同规格的量筒，常用的有 5、10、25、50、100、1 000 mL 等规格。量取液体时，先取下试剂瓶塞把它倒置在桌面上，一手拿量筒，一手拿试剂瓶，试剂瓶标签对手心，倒出所需体积的试剂，然后将试剂瓶口在量筒上靠一下，再竖起试剂瓶，以避免留在瓶口的液滴流到试剂瓶外壁。读取量筒内液体的体积时，应使视线与量筒内液体凹液面的最低处保持水平（图 4-4）。

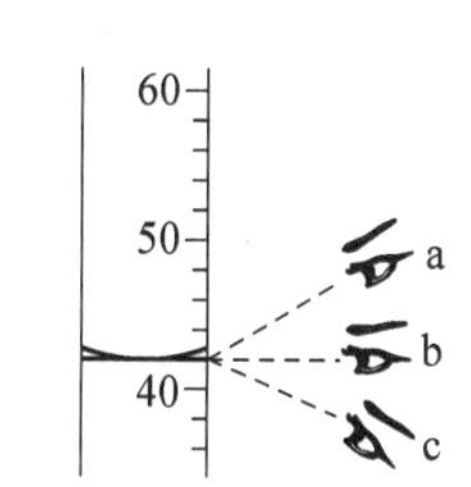

a：偏高　b：正确　c：偏低

图 4-4　读取量筒内液体的体积

4.2.2 容量瓶

容量瓶是一种细颈梨形平底玻璃瓶，带有磨口玻璃塞，瓶身上标有温度、容量，瓶颈上有一环形标线，在所指温度下(一般为 20 ℃)液体充满至凹液面与环线相切时的体积恰好与瓶身上所示体积一致，因此称为“量入式”量器。容量瓶的大小不等，小的有 5 mL、25 mL、50 mL、100 mL，大的有 250 mL、500 mL、1 000 mL、2 000 mL 等。容量瓶主要用于配制准确浓度的溶液或准确稀释溶液。

1. 容量瓶的检查

容量瓶使用前要先检查是否漏水。检漏方法：在容量瓶中加水至标线，盖好瓶塞后，左手用食指按住塞子，其余手指拿住瓶颈标线以上部分，右手指尖托住瓶底，将瓶倒立 2 分钟，观察容量瓶口是否有水渗出，如不漏水，将瓶直立，转动瓶塞 180°，再倒立 2 分钟检查，如不漏才能使用。将检查合格的容量瓶，应用橡皮筋或细绳将容量瓶塞系在瓶颈上，以防容量瓶塞与其他容量瓶搞混或随处乱丢玷污瓶塞。

2. 容量瓶的洗涤

容量瓶不允许用热水、刷子洗(容量瓶专用刷可以)，必要时可用铬酸洗液洗。先尽量倒去容量瓶中的水，小容量瓶可装满洗液浸泡一段时间，大容量瓶则可加 20～30 mL 洗液，塞紧瓶塞转动容量瓶使洗液布满内壁，放置 20 min 左右将洗液回收，用自来水冲洗容量瓶，再用去离子水润洗 3 次备用，每次去离子水的用量约为 15～20 mL。

3. 溶液的配制

由固体物质配制标准溶液或样品溶液的步骤：将准确称量的待溶固体置于 100～200 mL 小烧杯中，加少量溶剂，搅拌使其溶解。若溶解度小，可将烧杯盖上表面皿加热使其溶解，但必须放冷却后才能转移溶液。定量转移溶液时(图 4－5)，右手拿玻璃棒，左手拿烧杯，使烧杯嘴紧靠玻璃棒，玻璃棒悬空伸入容量瓶中，棒的下端靠在瓶颈内壁上，使溶液沿玻璃棒和瓶内壁流入容量瓶中，烧杯中溶液流完后，将烧杯沿玻璃棒轻轻上提，并逐渐竖直烧杯，将玻璃棒放回烧杯(注意：玻璃棒不能靠烧杯嘴)，用洗瓶冲洗玻璃棒和烧杯壁三到四次，将洗出液按同样的方法定量转入容量瓶中。反复洗 3～4 次，转入容量瓶中，加水至容积一半左右时，可将容量瓶沿水平方向摇动几周，不能倒转，使溶液初步混匀，继续加水至距标线约 1 cm 处，等待 1～2 分钟，使附在瓶颈内壁的溶液流下后，再用滴管伸入瓶颈接近液面处(不能接触液面)，眼睛平视，滴加溶剂至凹液面与标线相切。定容后塞紧瓶塞，左手用食指按住塞子，其余手指拿住瓶颈标线以上部分，右手指尖托住瓶底，将容量瓶倒转，使气泡上升到顶，将瓶振荡(图 4－6)，正立后再次倒转进行振荡，如此反复多次操作，使瓶内溶液混合均匀。

用浓溶液定量稀释溶液的操作步骤：用移液管移取一定体积的浓溶液于容量瓶中，按上述方法加溶剂至标线处，摇匀即可。

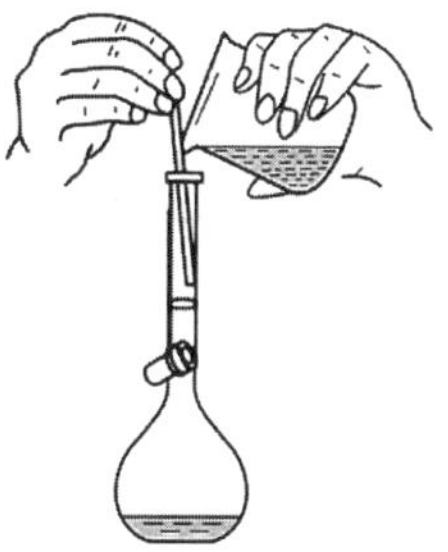

图 4-5　溶液转入容量瓶

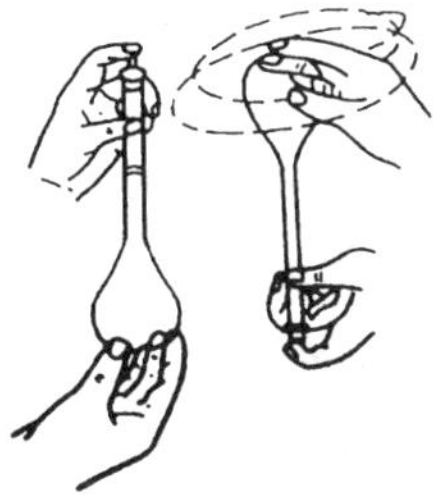

图 4-6　摇匀溶液

4. 容量瓶使用注意事项

① 溶解、反应不能在容量瓶中进行。

② 容量瓶、移液管等有刻度的精确玻璃量器，不能进行加热，也不能在烘箱中烘干，热溶液应先冷却再转移入容量瓶。

③ 若振荡摇匀后液面下降，则为正常现象。

④ 不要用容量瓶长期存放溶液，未用完的溶液应转移至试剂瓶中保存，因为溶液可能会对瓶体腐蚀从而使容量瓶的精度受到影响。

⑤ 容量瓶长期不用，应洗净擦干磨口处，并用纸片夹在瓶塞与瓶口之间。

4.2.3　移液管与吸量管

1. 移液管

移液管确切地叫作“单标线吸量管”，是准确移取一定量液体的量器，是一根细长而中间膨大的玻璃管，在管的上端标有刻度线，因此又称作“胖肚移液管”(图 4-7)。膨大部分标有它的体积和标定该体积的温度。常用的移液管有 5 mL、10 mL、20 mL、25 mL 等规格。用移液管只能移取标示体积的液体。要使移液管放出液体的体积准确，对管尖孔径的大小也有要求。孔径太大(液体自由流出时间过短)或太小(液体自由流出时间过长)，都会使管壁滞留的液体超过允许量的范围，而导致流出的液体体积不准确。

图 4-7　移液管

(1) 移液管的洗涤

移液管使用之前应先检查移液管上口和管尖有无破损，如有破损则不能使用。

移液管使用前需要洗涤。洗涤过程：用自来水冲洗，如内壁挂水珠，则需用铬酸洗液洗涤。洗液洗涤前尽量去除移液管中的残留水。右手大拇指、中指拿住移液管标线以上部分，食指靠近移液管上口，将移液管管尖插入洗液中，左手将洗耳球握于手掌中，先将洗耳球空气挤出，洗耳球尖头紧紧插入移液管上口，松开洗耳球使洗液吸入移液管膨大球部 1/4 处，移开洗耳球的同时用右手食指迅速堵住移液管口，两手平托移液管，用两手的食指和大拇指转动移液管，使整个移液管内壁布满洗液，也可将洗液吸到移液管刻度以上保持几分钟，再从管尖将洗液放回原瓶。等数分钟后，用自来水充分冲洗移液管，直至移液管内壁能被液体均匀润湿不挂珠。再用洗耳球如上操作吸取去离子水将整个移液管的内壁润洗三次。

用滤纸把移液管尖和管外壁残留的水吸净，再将移液管插入容量瓶(或其他储液瓶)，方法同上吸取待移取液润洗 2～3 次，备用。注意：不能使溶液流回原瓶，以免使容量瓶(或储液瓶)中的液体稀释。

(2) 液体的移取

用移液管移取溶液时，用右手大拇指和中指拿住移液管颈标线以上部位，将移液管插入待吸溶液液面下 1～2 cm 深(不能插入太浅，以免液面下降时吸入空气；也不能插入太深，以免移液管外壁沾上太多的溶液)，左手拿洗耳球，用洗耳球慢慢吸取溶液，眼睛注意正在上升的液面位置，移液管应随容器中液面下降而下降(图 4-9)。当移液管中液面上升至标线以上时，迅速移去洗耳球，同时用右手食指按住管口。

(3) 调节液面

将移液管提离液面，并将移液管下部原伸入溶液的部分，贴容器内壁转两圈，尽量除去管尖外壁黏附的溶液，然后将容器倾斜成 45°左右，竖直移液管，管尖紧贴容器内壁，略为放松食指并用拇指和中指轻轻转动移液管，让溶液慢慢顺壁流出，使液面平稳下降，直到溶液的凹液面下缘与标线相切时，立即用食指压紧管口，使溶液不再流出。

(4) 放出溶液

将移液管移入准备接受溶液的容器中，使移液管垂直，接受容器略微倾斜，管尖靠着容器内壁，松开食指，液体自然沿器壁流下，液体全部流出后停留 15 s，取出移液管(图 4-10)。存留在管尖的液体不要吹出，因为校正移液管时并未将这部分体积计算在内。

图 4-8 吸量管

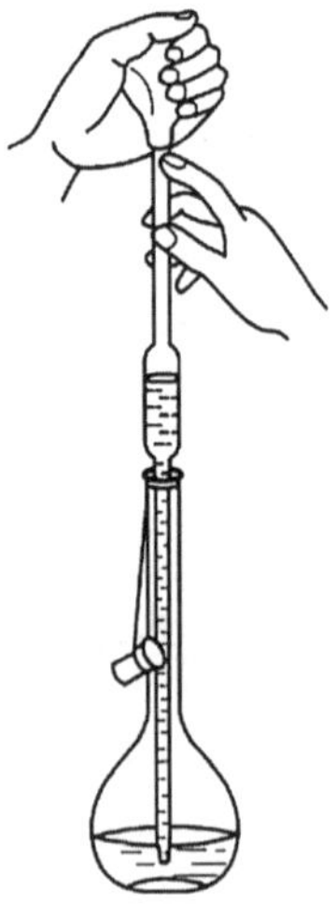

图 4-9
用移液管吸取溶液

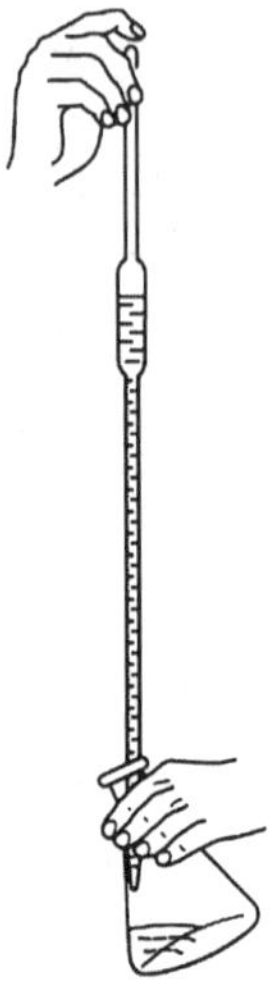

图 4-10
从移液管放出溶液

2. 吸量管

吸量管(图 4-8)的全称是“分刻度吸量管”，是带有分刻度的量出式量器。有时把移液管和吸量管统称为吸管。常用的吸量管有 1 mL、2 mL、5 mL、10 mL 等规格，用于移取非固定体积的液体。吸量管吸取液体的准确度不如移液管。吸量管的洗涤操作大体与移液管相同。如需用到吸量管管尖部分液体时，注意观察吸量管上是否标有"吹"字，如有"吹"字则在使用时管内液体全部流出后应将末端的液体吹出。1 mL 以下的吸量管往往标有"吹"字。使用吸量管时还应注意，有的吸量管分刻度不是刻到管尖，而是刻到管尖上方 1～2 cm 处。因此，一般不将液体直接放到吸量管底部，尽量避免使用吸量管尖端，通常是将液面由某一分刻度(如最高标线)下降到另一分刻度(低标线)，两分刻度之差就是放出液体的体积。实验中应尽可能使用同一吸量管的同一区段的体积，最好用上段的体积。

如果实验中用到微量、半微量液体，还会用到移液枪。

移液管和吸量管使用过程中应放在移液管架上，不能随便放在实验台上，尤其要防止管下端受污染。实验完毕，将其用自来水，去离子水冲洗干净，保存。

3. 注意事项

① 移液管和吸量管不能在烘箱中烘干，也不能移取过冷或过热的液体。使用后，应洗净放在移液管架上。

② 移液管和容量瓶经常配合使用，因此要注意二者体积的相对校准。

③ 实验中尽可能使用同一移液管，吸量管尽可能使用同一区段的体积。

④ 除标有"吹"字的吸量管外，不要把残留在管尖内的液体吹出，因为在校准吸量管体积时没有把这部分液体包括在内。

4.2.4 滴定管

滴定管是一根具有精确刻度，内径均匀的细长玻璃管，下端有一个尖嘴玻璃管，中间连接控制滴定速度的旋塞或含玻璃珠的橡皮管，可根据需要连续地放出不同体积的液体，并准确读出液体体积的量出式量器。

根据长度和容积的不同，滴定管可分为常量滴定管、半微量滴定管和微量滴定管。常量滴定管容积有 50 mL、25 mL，最小刻度 0.1 mL，最小可估读到 0.01 mL。半微量和微量滴定管容积有 1 mL、2 mL、5 mL、10 mL，最小刻度为 0.001 mL、0.05 mL 和 0.01 mL。此外还有半微量半自动滴定管，它可以自动加液，但滴定仍需手动控制。

滴定管一般分为酸式滴定管和碱式滴定管两种。酸式滴定管又称具塞滴定管，它的下端有玻璃旋塞开关，用来装酸性溶液或氧化性溶液，不能装碱性溶液，因为碱性溶液能腐蚀玻璃，使旋塞难以转动。碱式滴定管的下端有一根橡皮管，中间有一个玻璃珠，用来控制溶液的流速，碱式滴定管只能装碱性溶液和无氧化性的溶液，凡可与橡皮管起作用的溶液均不可装入碱式滴定管中，如 $KMnO_4$，$K_2Cr_2O_7$，碘液等。由于不怕碱的聚四氟乙烯活塞的使用，克服了普通酸式滴定管怕碱的缺点，使酸式滴定管可以做到酸碱通用，所以碱式滴定管的使用大为减少(图 4－11)。

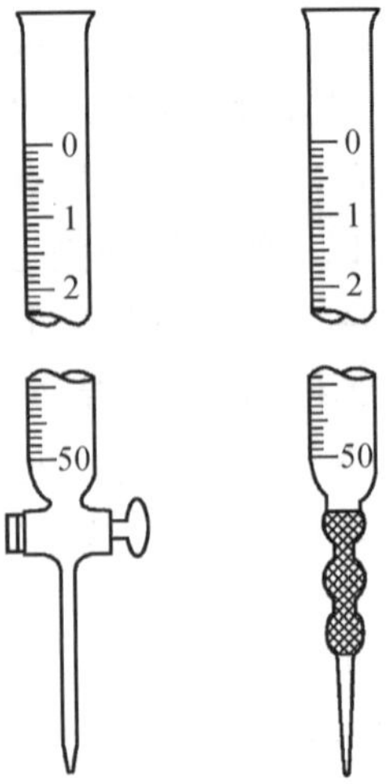

(a) 酸式　　(b) 碱式

图 4－11　滴定管

1.滴定管使用前的准备

(1) 检查

酸式滴定管使用前应先检查旋塞转动是否灵活,是否漏水。先关闭旋塞,将滴定管充满水,置于滴定管架上静置 2 min,用滤纸在旋塞周围和管尖处检查是否有水渗出。然后将旋塞旋转 180 度,置于滴定管架上静置 2 min,再用滤纸检查是否有水渗出。若前后两次均无水渗出,且活塞转动灵活,即可洗净使用。

碱式滴定管使用前应先检查橡皮管是否老化,玻璃珠大小是否适当,然后装满水,置于滴定管架上静置 2 min,检查出口处是否有水渗出,若漏水,更换一较大的玻璃珠即可,但玻璃珠也不宜过大,否则会给操作带来不便。

聚四氟乙烯旋塞的滴定管如果漏水,拧紧旋塞一端的螺帽即可,但也不能拧得太紧,以免转动不灵活。

(2) 洗涤

滴定管的洗涤以不损伤内壁为原则。外壁可用洗衣粉或去污粉刷洗,管内不太脏时可以直接用自来水冲洗,如果自来水洗后管内壁挂有水珠,那么需用铬酸洗液洗。洗涤前,尽量除去管内水分,关闭旋塞,将铬酸洗液倒入酸式滴定管近满,浸泡 10 min 左右,打开旋塞将洗液放回原瓶。或者装入 10～15 mL 洗液于滴定管中,用两手横持滴定管,边转动边向管口倾斜,使洗液布满全管内壁。在横持滴定管过程中,酸式滴定管上口应对准洗液瓶口,防止洗液洒到外面,然后将洗液从出口放回原瓶。再用自来水冲洗,最后用去离子水润洗三次,每次约 10～15 mL。

碱式滴定管的洗涤方法与酸式滴定管不同,将玻璃珠向上推至与碱式滴定管下端相接触(可以防止洗液接触橡胶管),将铬酸洗液倒入碱式滴定管近满,浸泡 10 min 左右,再从上口将洗液放回原瓶。碱式滴定管尖嘴部分如需用铬酸洗液洗,可将其取下放入一个装有洗液的小烧杯中浸泡。再依次用自来水、去离子水洗净。

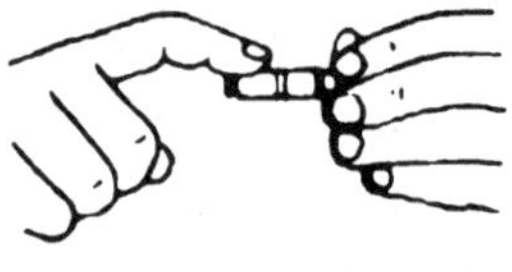

图 4－12　活塞涂凡士林

(3) 玻璃活塞涂凡士林

酸式滴定管如漏水,则应在活塞上涂凡士林。涂凡士林的方法:将活塞取出,用滤纸将活塞及活塞槽内的水吸干,用手指蘸取少量凡士林在活塞两头涂上薄薄的一层(图 4－12);或者在活塞的大头涂上薄薄的一层,在活塞槽尾部的内壁涂上薄薄的一层,然后将活塞插入活塞槽内,朝同一方向旋转,直到整个活塞透明为止。活塞不透明,说明水未擦干或凡士林涂抹不够,则需重新处理。如涂凡士林后仍渗水严重,则说明此滴定管的活塞与槽不密合,须更换滴定管。若凡士林涂抹过多,则会堵塞活塞小孔或滴定管下端出口,必须清除。活塞孔被堵时,可取下活塞用细铜丝捅出凡士林;若下端出口被堵,则可将水充满滴定管,将下端出口浸在热水中,然后打开活塞使管内的水突然冲下,将熔化的凡士林冲出。如果仍不能除去出口处的凡士林,则可用四氯化碳等有机溶剂浸溶。

检验合格的不漏水的酸式滴定管,可用橡皮圈将活塞固定好,以免活塞掉落打碎。

2. 操作溶液的装入

（1）润洗

滴定管在使用前还必须用操作溶液润洗。将试剂瓶中的操作溶液摇匀，使凝结在瓶内壁的水珠混入溶液。溶液应直接入滴定管，不得使用漏斗、烧杯、滴管等其他器皿辅助。装入溶液时，左手持滴定管上部无刻度处，并使滴定管稍微倾斜，右手拿试剂瓶，瓶口扣在滴定管口，向滴定管倒入溶液 10～15 mL，润洗滴定管，润洗液弃去。润洗 3 次。润洗后，装入操作溶液至“0”刻度线上方。

（2）排气泡

装满操作溶液后，应检查滴定管出口下部尖嘴部分是否充满溶液，是否有气泡。酸式滴定管的气泡，一般容易看出。若有，右手拿滴定管上部并将滴定管倾斜约 30°，左手迅速打开活塞使溶液冲出管口，排出气泡。碱式滴定管的气泡往往在橡胶管内和出口玻璃管内留存，可将乳胶管对光检查，看是否有气泡。碱式滴定管排气泡的方法（图 4－13）：左手斜持碱式滴定管，右手食指和拇指捏住玻璃珠部位，使橡胶管向上弯曲，挤压玻璃珠旁侧处橡胶管，使溶液快速向上喷出，以排除气泡。慢慢将管尖放直后再松开手。

图 4－13　碱式滴定管赶去气泡

3. 读初读数

放出溶液后（或装满溶液或滴定完后）需等待 1～2 min 使附着在内壁的溶液流下后方可读数。为了准确读数，应注意以下几点：

① 将滴定管从滴定管架上取下，左手大拇指和食指拿住上部无液处，其他手指在旁边辅助，保持滴定管垂直方可读数。如果滴定管在滴定管架上很难保持垂直。

② 滴定管内的液面呈弯月形。无色或浅色溶液的弯月面清晰可见，读数时视线应与弯月面最低点刻度水平线相切。视线若在弯月面上方，读数就会偏低；若在弯月面下方，读数就会偏高。若为有色溶液，其弯月面不够清晰，则读取液面两侧最高点的刻度。

③ 有的滴定管背面有一条“蓝带”，称为蓝带滴定管。蓝带滴定管的读数与普通滴定管不同，当蓝带滴定管盛溶液后将有两个弯月面相交，此交点的位置即为蓝带滴定管的读数位置。

④ 每次滴定前应将液面调节在 0～1 mL 之间，这样可固定在某一段体积范围内读数，以减小系统误差。

⑤ 每次读数必须读到小数点后第二位，即准确到±0.01 mL。

4. 滴定操作

滴定时，应将滴定管垂直地夹在滴定管夹上，滴定台应呈浅色。滴定最好在锥形瓶中进行，必要时也可在烧杯中进行。滴定开始前，先将悬挂在滴定管尖嘴外的液体除去，读出初读数。

(1) 酸管操作

用左手控制旋塞(图 4 - 14)，拇指在前，食指和中指在后，无名指和小指弯曲在滴定管和旋塞左下方的直角中。转动旋塞时，手指弯曲，手掌心要空，拇指、食指、中指稍稍向手心方向用力。滴定管离锥形瓶口约 1 cm。右手大拇指食指和中指拿住锥形瓶颈，其余两指辅助在下侧，滴定时提起锥形瓶，使瓶底离开滴定台约 2～3 cm，滴定管下端深入瓶口约 1～2 cm，微动右手腕关节摇动锥形瓶(向同一方向旋摇)，边滴边摇使滴下的溶液混合均匀。摇动锥形瓶的规范方式：右手执锥形瓶颈部，手腕用力使瓶底沿顺时针方向画圆，要求使溶液在锥形瓶内均匀旋转，形成漩涡，溶液不能有跳动。管口与锥形瓶应无接触。

(2) 碱管操作

滴定时，以左手握住滴定管(图 4 - 15)，拇指在前，食指在后，中指辅助食指，无名指和小指夹住橡胶管下玻璃管辅助固定管尖。用拇指和食指捏住玻璃珠右侧的橡胶管，向右边挤推橡胶管，使玻璃珠偏向手心，溶液就可以从玻璃珠和橡胶管之间的空隙流出。注意不要使玻璃珠上下移动，不要挤捏玻璃珠下方的橡胶管，以免空气进入而形成气泡，影响准确性。

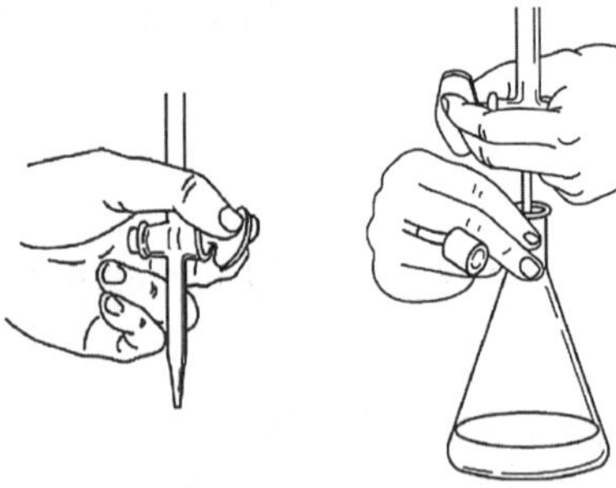

图 4 - 14　酸管滴定操作

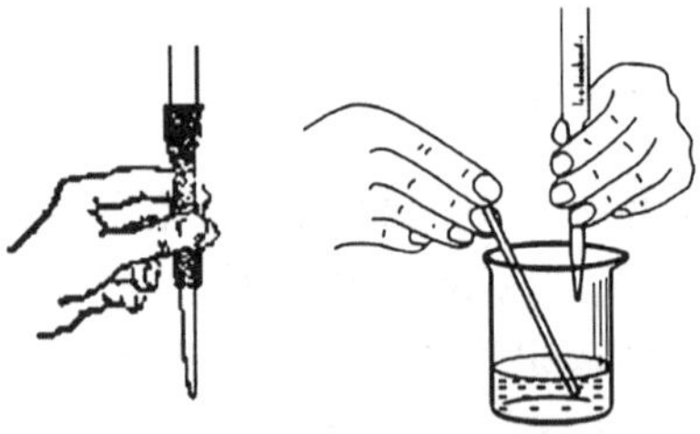

图 4 - 15　碱管滴定操作

无论使用酸式滴定管还是碱式滴定管，都应该掌握三种滴液的方法：第一，连续滴加，即一般“见滴成线”的方法；第二，控制一滴一滴加入的方法，做到需一滴就能滴一滴的熟练操作；第三，学会使液滴悬而不落，只加半滴或不到半滴的方法。滴加半滴的操作方法：小心使溶液悬挂于滴定管管口，用锥形瓶内壁将其靠下，然后用洗瓶中的去离子水冲下。

开始滴定时，滴定速度可稍快，呈“见滴成线”，不得使溶液呈流水状放出。临近终点时速度要减慢，应一滴一滴或半滴半滴的加入，滴一滴摇几下，再加再摇，并用洗瓶内去离子水吹洗锥形瓶内壁，使附着在内壁的溶液全部落下，然后再半滴半滴的滴入，直至准确到达终点，读取体积。

滴定结束，滴定管内剩余溶液应弃去，不要倒回原瓶中，以免玷污操作溶液。洗净滴定管，打开活塞倒夹在滴定管夹上备用。

5. 注意事项

① 滴定时，左手应时刻控制活塞，不允许离开活塞，避免溶液自流。视线应观察锥形瓶内液滴落点周围溶液颜色变化，不要去关注滴定管上部的体积而忽略反应的进行，以免

错过滴定终点。

② 每次滴定时，初始读数都要在 0～1 mL 之间，以减小系统误差。实验数据要及时记录在记录表格里，不允许记到其他地方。

③ 根据反应情况控制滴定速度，临近终点时滴定速度一定要慢，应一滴一滴，甚至是半滴半滴的加入。

④ 摇动锥形瓶时，应微动腕关节，使溶液向同一方向做圆周运动，不能左右、前后振动，以免溶液溅出。

⑤ 滴定也可在烧杯中进行，要用玻棒或电磁搅拌器搅拌溶液，玻璃棒不能碰到烧杯壁和底部，整个滴定过程中玻璃棒不能离开烧杯；电磁搅拌器要控制好速度，速度太快溶液会溅出。

4.3　常用加热、冷却与干燥方法

视频：加热与冷却

4.3.1　加热与热源

实验室常用的热源有煤气、酒精和电能。为了加速反应进行，往往需要加热，从加热方式来看有直接加热和间接加热。在有机类化学实验室中一般不用直接加热，例如用电热板加热圆底烧瓶，会因受热不均匀，导致局部过热，甚至导致破裂。因此，有机类化学实验规定禁止用明火直接加热易燃的溶剂，为了保证加热均匀，一般使用热浴间接加热，作为传热的介质有空气、水、有机液体、熔融的盐和金属。根据加热温度、升温速度等需要，常采用下列手段。

1. 通过石棉网加热

烧杯、锥形瓶等加热容器可以放在石棉网上加热，常用煤气灯、酒精灯和电炉加热。这种加热受热不均，在减压蒸馏、回流低沸点易燃物等实验中不能使用。

2. 空气浴

这是利用热空气间接加热，对于沸点在 80 ℃以上的液体均可采用。半球形的电热套是属于比较好的空气浴，因为电热套中的电热丝是被玻璃纤维包裹着的，较安全。由于不是明火加热，一般可加热至 400 ℃，电热套主要用于回流加热。蒸馏或减压蒸馏过程中，随着容器内物质逐渐减少，会使容器壁过热而引起蒸馏物碳化，但只要选择适当大一点的电热套，同时在加热过程中不断调节电热套的高低位置，就可以避免碳化。电热套有各种规格，取用时要与容器的大小相适应。为了便于控制温度，要连调压变压器。

3. 水浴

当加热的温度不超过 100 ℃时，最好使用水浴加热，水浴为较常用的热浴。必须强调指出，当用于钾和钠的操作时，决不能在水浴上进行。使用水浴时，勿使容器触及水浴器壁或其底部。由于水浴中的水不断蒸发，需适当添加热水，使水浴中水面经常稍高于容器内的液面。总之，使用液体热浴时，热浴的液面应略高于容器中的液面。水浴加热有以下三种，如图 4－16 所示。

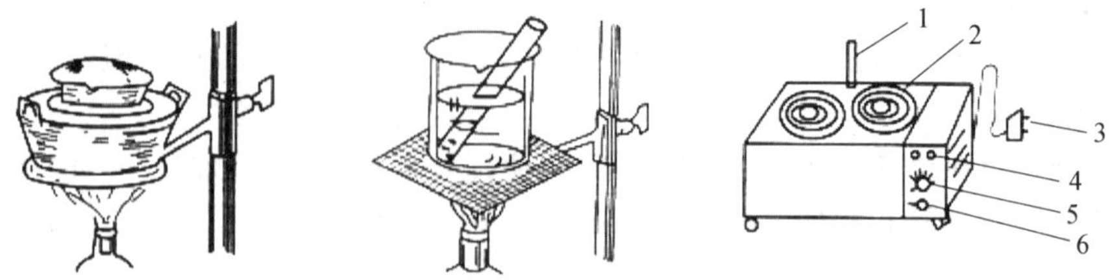

(a) 水浴加热　(b) 烧杯代替水浴加热　(c) 电热恒温水浴

1.温度计　2.浴槽盖　3.电源插座　4.指示灯　5.温度旋钮　6.电源开关

图 4－16　常见水浴加热装置

4. 油浴

油浴适用于 100～250 ℃的加热，优点是使反应物受热均匀，反应物的温度一般低于油浴液 20 ℃左右。常用的油浴液：甘油浴，可以加热到 140～150 ℃，温度过高时则会分解；植物油浴，如菜油、蓖麻油和花生油等，可以加热到 220 ℃，常加入 1%对苯二酚等抗氧化剂，便于久用，温度过高时则会分解，达到闪点时可能燃烧起来，所以使用时要小心；石蜡浴，能加热到 200 ℃左右，冷到室温时凝成固体，保存方便；有机硅油浴，可以加热到 200 ℃左右，温度稍高并不分解，但较易燃烧。

用油浴加热时，要特别小心，防止着火，当油受热冒烟时，应立即停止加热。油浴中应挂一支温度计，可以观察油浴的温度和有无过热现象，便于调节火焰控制温度。油量不能过多。否则受热后有溢出而引起火灾的危险。使用油浴时要极力防止产生可能引起油浴燃烧的因素。加热完毕取出反应容器时，仍用铁夹夹住反应容器使其离开液面悬置片刻，待容器壁上附着的油滴完后，用纸和干布揩干之。

5. 酸液

常用酸液为浓硫酸，可热至 250～270 ℃，当加热至 300 ℃左右时则分解，生成白烟，若酌加硫酸钾，则加热温度可升到 350 ℃左右。酸液混合物冷却时，即成半固体或固体，因此，温度计应在液体未完全冷却前取出。要防止酸液触及皮肤、溢出或溅出。

6. 沙浴

沙浴一般是用铁盆装干燥的细海沙(或河沙)，把反应容器半埋沙中加热。加热沸点在 80 ℃以上的液体时可以采用，特别适用于加热温度在 220 ℃以上者，可加热到 350 ℃，但沙浴的缺点是传热慢，温度上升慢，且不易控制，因此，沙层要薄一些。沙浴中应插入温度计，温度计水银球要靠近反应器。

7. 金属浴

选用适当的低熔合金，可加热至 350 ℃左右，一般都不超过 350 ℃。否则，合金将会迅速氧化。

还可根据实际情况采用其他加热方式，如红外灯加热、微波加热等。

4.3.2　冷却与冷却剂

在实验中，有时须采用一定的冷却剂进行冷却操作，在一定的低温条件下进行反应，分离提纯等。例如：

(1) 某些反应要在特定的低温条件下进行的，才有利于化合物的生成，如重氮化反应一般在 0 ℃～5 ℃进行；

(2) 沸点很低的有机物，冷却时可减少损失；

(3) 要加速结晶的析出；

(4) 高度真空蒸馏装置(一般有机实验很少运用)。

根据不同的要求，选用适当的冷却剂冷却，最简单的是用水和碎冰的混合物，可冷却至 0 ℃～5 ℃，它比单纯用冰块有较大的冷却效能。因为冰水混合物与容器的器壁充分接触。若在碎冰中酌加适量的盐类，则得冰盐混合冷却剂的温度可在 0 ℃以下，例如，普通常用的食盐与碎冰的混合物(33∶100)，其温度可由始温－1 ℃降至－21.3 ℃。但在实际操作中温度约－18 ℃～－5 ℃。冰盐浴不宜用大块的冰，而且要按上述比例将食盐均匀撒布在碎冰上，这样冰冷效果较好。

除上述冰浴或冰盐浴外，若无冰时，则可用某些盐类溶于水吸热作为冷却剂使用，常用冰盐冷却剂见表 4-1。

表 4-1　常见冰盐组成的冷却剂

盐　类	100 g 碎冰中盐用量/g	冰盐点/℃
$CaCl_2 \cdot 6H_2O$	143	－55.0
$CaCl_2 \cdot 6H_2O$	125.0	－40.3
$CaCl_2 \cdot 6H_2O$	100.0	－29.0
NaCl	30.4	－21.2
NH_4Cl	25	－15
KCl	30.0	－11

干冰和丙酮、氯仿等溶剂适当比例混合，可冷却到－78 ℃。通常把干冰和它的溶液放入保温瓶(杜瓦瓶)或其他绝热较好的容器内，以便保持冷却效果。

4.3.3　干燥与干燥剂

化合物干燥的方法大致有物理方法(不加干燥剂)和化学方法(加入干燥剂)两种。物理方法如吸收、分馏等，近年来应用分子筛来脱水，在实验室中常用化学干燥法，其特点是在有机液体中加入干燥剂，干燥剂与水起化学反应（例如 $Na + H_2O \longrightarrow NaOH + H_2\uparrow$）或与水结合生成水化物，从而除去有机液体所含的水分，达到干燥的目的。用这种方法干燥时，有机液体中所含的水分不能太多（一般在百分之几以下）。否则，必须使用大量的干燥剂，同时有机液体因被干燥剂带走而造成的损失也较大。

1. 液体的干燥

常用干燥剂的种类很多，选用时必须注意下列几点：

(1) 干燥剂与有机物应不发生任何化学变化，对有机物亦无催化作用；

(2) 干燥剂应不溶于有机液体中；

(3) 干燥剂的干燥速度快，吸水量大，价格便宜。

常用干燥剂有下列几种：

① 无水氯化钙　价廉、吸水能力大，是最常用的干燥剂之一，与水化合可生成一、二、四或六水化合物（在 30 ℃以下）。它只适于烃类、卤代烃、醚类等有机物的干燥，不适于醇、胺和某些醛、酮、酯等有机物的干燥，因为能与它们形成络合物。也不宜用作酸（或酸性液体）的干燥剂。

② 无水硫酸镁　它是中性盐，不与有机物和酸性物质起作用。可作为各类有机物的干燥剂，它与水生成 $MgSO_4 \cdot 7H_2O$（48 ℃以下）。价格较低廉，吸水量大，故可用于不能用无水氯化钙来干燥的许多化合物。

③ 无水硫酸钠　它的用途和无水硫酸镁相似，价廉，但吸水能力和吸水速度都差一些。与水结合生成 $Na_2SO_4 \cdot 10H_2O$（37 ℃以下）。当有机物水分较多时，常先用本品处理后再用其他干燥剂处理。

④ 无水碳酸钾　吸水能力一般，与水生成 $K_2CO_3 \cdot 2H_2O$，作用慢，可用干燥醇、酯、酮、腈类等中性有机物和生物碱等一般的有机碱性物质。但不适用于干燥酸、酚或其他酸性物质。

⑤ 金属钠　醚、烷烃等有机物用无水氯化钙或硫酸镁等处理后，若仍含有微量的水分时，可加入金属钠（切成薄片或压成丝）除去。金属钠不宜用作醇、酯、酸、卤烃、醛、酮及某些胺等能与碱起反应或易被还原的有机物的干燥剂。

各类有机物的常用干燥剂见表 4－2。

表 4－2　各类有机物的常用干燥剂

液态有机化合物	适用的干燥剂
醚类、烷烃、芳烃	$CaCl_2$、Na、P_2O_5
醇类	K_2CO_3、$MgSO_4$、Na_2SO_4、CaO
醛类	$MgSO_4$、Na_2SO_4
酮类	$MgSO_4$、Na_2SO_4、K_2CO_3
酸、酚类	$MgSO_4$、Na_2SO_4

续　表

液态有机化合物	适用的干燥剂
酯类	$MgSO_4$、Na_2SO_4、K_2CO_3
卤代烃	$CaCl_2$、$MgSO_4$、Na_2SO_4、P_2O_5
有机碱类(胺类)	NaOH、KOH
硝基化合物	K_2CO_3、$MgSO_4$、Na_2SO_4

液态有机化合物干燥的操作：

液态有机化合物的干燥操作一般在干燥的带塞锥形瓶内进行。把按照条件选定的干燥剂投入液体里，塞紧瓶塞(用金属钠作干燥剂时则例外，此时塞中应插入一个无水氯化钙管，使氢气放空而水气不致进入)，振荡片刻，静置，使所有的水分全被吸去。如果水分太多，或干燥剂用量太少，致使部分干燥剂溶解于水时，可将干燥剂滤出，用吸管吸出水层，再加入新的干燥剂，放置一定时间，将液体与干燥剂分离，进行蒸馏精制。

2. 固体的干燥

从重结晶得到的固体常带水分或有机溶剂，应根据化合物的性质选择适当的方法进行干燥。

① 自然晾干　这是最简便，最经济的干燥方法。把要干燥的化合物先在滤纸上面压平，然后在一张滤纸上面薄薄地摊开，用另一张滤纸覆盖起来，在空气中慢慢地晾干。

② 加热干燥　对于热稳定的固体，可以把待干燥的固体置于表面皿或蒸发皿中，放在热源上烘干；或放在烘箱内烘干。加热的温度切忌超过该固体的熔点，以免固体变色和分解，如果需要可在真空恒温干燥箱中干燥。

③ 红外线干燥　特点是穿透性强，干燥快。

④ 干燥器干燥　对易吸湿或在较高温度干燥时，会分解或变色的可用干燥器干燥，干燥器有普通干燥器(图 4－17)和真空干燥器(图 4－18)。

图 4－17　普通干燥器

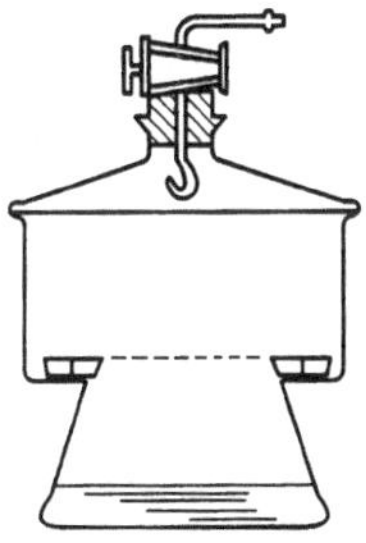

图 4－18　真空干燥器

普通干燥器的盖与缸之间的平面已经过磨砂处理，在磨砂处涂上润滑油，盖上盖子，使之密封。缸中的多空瓷盘上放置盛有待干燥样品的表面皿等，瓷板下放干燥剂。

玻璃真空干燥器是一种负压下进行干燥的设备，真空状态下物料溶剂的沸点降低，所以适用于干燥不稳定或热敏性物料；玻璃真空干燥器有良好的密封性，所以又适用于干燥需回收溶剂和含强烈刺激，有毒气体的物料。通过玻璃活塞接真空泵抽真空，增加干燥效率，干燥效率比普通干燥器好。真空干燥时应该使用真空干燥器，真空干燥器干燥效率较高，使用时真空度不宜过高，以防止干燥器炸裂。一般用水泵抽气，抽气时应有防止倒吸的安全装置。取样放气时不宜太快，以防止空气流入太快将样品冲散。

⑤ 真空恒温干燥器干燥 真空恒温干燥器也称干燥枪，如图 4－19 所示，其干燥效率较高，适用于除去结晶水或结晶醇。但这种方法只能适用于小量样品的干燥，如果干燥化合物数量多，可采用真空恒温干燥箱。使用干燥枪时，先将装有样品的小船放入夹层内，连接盛有干燥剂（一般常用五氧化二磷）的曲颈瓶，烧瓶放入有机溶剂（溶剂沸点需与欲干燥的温度接近），然后用水泵减压，抽到一定真空度时，将活塞关闭，停止抽气。根据被干燥化合物的物质，选用适当的溶剂进行加热（溶剂的沸点切勿超过样品的熔点），溶剂蒸气充满夹层外面，而使夹层内样品在减压和恒定的温度下进行干燥。整个过程中，每隔一定时间应再抽一次气，以保持一定的真空度。

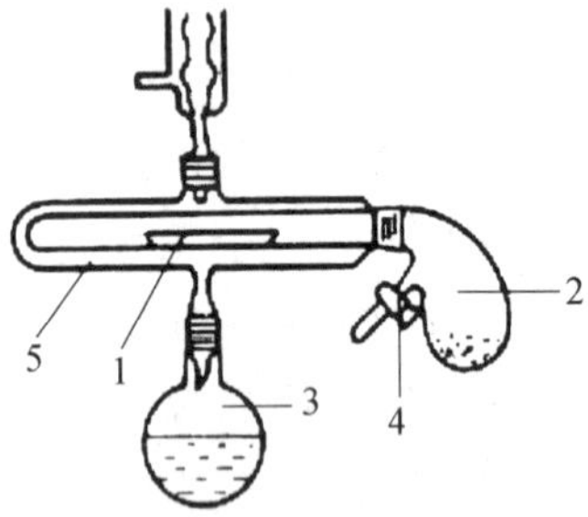

1.小船　2.曲颈瓶　3.烧瓶
4.活塞　5.夹层

图 4－19　真空恒温干燥器

视频演示

4.4　固液分离技术

固液分离的方法有倾析法、过滤法和离心分离法三种。

4.4.1　倾析法

如果沉淀的相对密度较大或晶体颗粒较大，静置后能较快沉降的，常用倾析法分离和洗涤沉淀。操作时将沉淀上部的清液缓慢沿玻璃棒倾入另一容器中，如图 4－20。然后在盛沉淀的容器中加入少量洗涤液（如蒸馏水），充分搅拌后静置，待沉淀沉降后倾去洗涤液，重复 2～3 次即可将沉淀洗净。

图 4－20　倾析法过滤

4.4.2　过滤法

最常用的固液分离方法是过滤法。

当溶液和固体的混合物通过过滤器（如滤纸或玻璃砂芯）时，沉淀留在过滤器上，溶液通过过滤器流入另一容器中。过滤后的溶液称滤液。

实验时应根据具体要求选用合适类型和规格的滤纸，如 $BaSO_4$、$CaC_2O_4 \cdot 2H_2O$ 等细晶形沉淀，应选用“慢速”滤纸过滤；$Fe(OH)_3$ 为胶状沉淀，应选用“快速”滤纸过滤；$MgNH_4PO_4$ 等粗晶形沉淀，应选用“中速”滤纸过滤。

过滤方法又分常压过滤、减压过滤和热过滤三种。

1. 常压过滤(普通过滤)

在大气压下使用普通玻璃漏斗过滤的方法。沉淀物为胶体或微细晶体时,用此法过滤较好。

根据沉淀的具体情况选择适合的滤纸和漏斗。圆形滤纸对折两次成扇形,展开成圆锥形,一边为三层,一边为一层(图 4－21),用水润湿滤纸,使滤纸漏斗内壁紧贴。

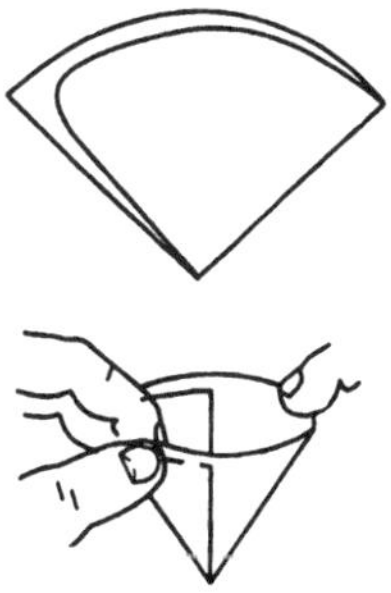

图 4－21
普通滤纸的折叠

漏斗应放在漏斗架上,下面用一个洁净的烧杯承接滤液,将漏斗颈出口斜口长的一侧贴紧烧杯内壁,以加快过滤速度,并防止滤液外溅。

过滤时,为了避免沉淀堵塞滤纸的空隙,影响过滤速度,一般多采用倾泻法过滤。首先倾斜静置烧杯,待沉淀下降后,采用倾泻法先滤去尽可能多的清液,如果需要洗涤沉淀,可在溶液转移后,往盛沉淀的容器中加入洗涤液充分搅匀,待沉淀沉降后按倾泻法倾出溶液,如此洗涤沉淀 2～3 次;然后把沉淀转移到漏斗上;最后清洗烧杯和洗涤漏斗上的沉淀。而不是一开始过滤就将沉淀和溶液搅混后过滤。

操作中注意让溶液沿玻璃棒在三层滤纸一侧倾入漏斗中,液面高度应低于滤纸 1～2 cm(图 4－22),玻璃棒下端尽可能接近滤纸,但不能接触滤纸。

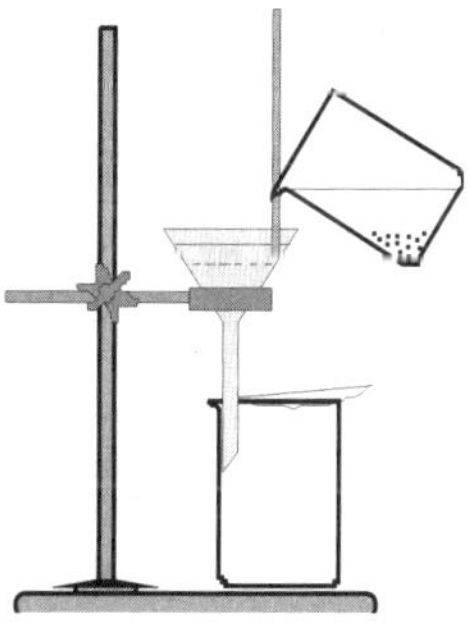

图 4－22　常压过滤

过滤过程中暂停倾注时,应沿玻璃棒将烧杯嘴往上提,逐渐使烧杯直立,等玻璃棒和烧杯由相互垂直变为几乎平行时,将玻璃棒离开烧杯嘴而移入烧杯中。这样才能避免留在棒端及烧杯嘴上的液体流到烧杯外壁上去。

沉淀用倾泻法洗涤后,在盛有沉淀的烧杯中加入少量洗涤液,搅拌混合,全部倾入漏斗中。然后用洗瓶小心冲洗烧杯壁上附着的沉淀,使之全部转移入漏斗中。

沉淀全部转移到滤纸上后,需对沉淀进行洗涤,以除去沉淀表面吸附的杂质和母液。洗涤时要用洗瓶由滤纸边缘稍下一些地方螺旋形向下移动冲洗沉淀,将沉淀集中到滤纸锥体的底部,不可将洗涤液直接冲到滤纸中央沉淀上,以免沉淀外溅。洗涤沉淀采用“少量多次”的方法,提高洗涤效率,每次使用少量洗涤液,尽量滤干后进行下一次洗涤。

2. 减压过滤(抽滤或真空过滤)

减压能加快过滤速度,也可将沉淀抽吸得比较干燥。胶体或细颗粒沉淀会透过滤纸或使滤纸堵塞,不能用减压过滤的方法分离沉淀。

减压过滤装置包括:布氏漏斗、吸滤瓶、安全瓶和减压泵,如图 4－23。布氏漏斗颈下端的斜面朝向吸滤瓶支管。滤纸应剪成比漏斗的内径略小,但能完全盖住所有的小孔。

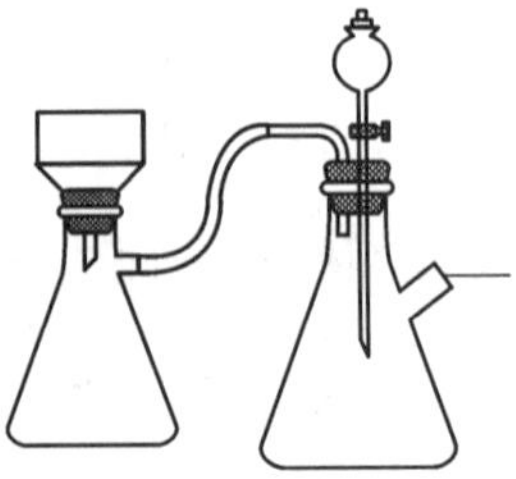

图 4-23 减压过滤

过滤时，应先用去离子水把平铺在漏斗上的滤纸润湿，然后开动真空泵，使滤纸紧贴在漏斗上。小心地把要过滤的混合物倒入漏斗中，尽量使固体分布在布氏漏斗中央，一直抽到几乎没有液体滤出为止。为了尽量把液体除净，可用玻璃棒把滤饼摊开并挤压。在漏斗上洗涤滤饼的方法：把滤饼尽量地抽干、压干，拔掉抽气的橡皮管(或打开安全瓶上的阀门)通大气，恢复常压，把少量溶剂均匀地洒在滤饼上。静置片刻，让溶剂渗透滤饼，待有滤液从漏斗下端滴下时，重新抽气，再把滤饼抽干、压干。这样反复几次，就可把滤饼洗净。必须记住：在停止抽滤时，应先拔去橡皮管(或将安全瓶上的玻璃阀打开)通大气，然后关闭水泵。取下漏斗，左手把握漏斗颈，用玻璃棒把滤纸橇松，倒转，用右手“拍击”左手，使固体连同滤纸一起落入洁净的纸片或表面皿上，然后揭去滤纸。

强酸性或强碱性溶液过滤时，应在布氏漏斗上铺上玻璃布或涤纶布、氯纶布来代替滤纸。

对个别特殊性质的固液分离，需选用一些特殊的过滤器和材料，如玻璃砂芯漏斗。

微孔玻璃漏斗的滤板是用玻璃粉末在高温熔结而成的。1990 年前，我国微孔玻璃滤板按孔径大小(μm)、分为 6 种型号：G_1(80～120)、G_2(40～80)、G_3(15～40)、G_4(5～15)、G_5(2～5)、G_6(<2)。1990 年后，我国微孔玻璃滤板的牌号以 P_n表示，n 代表每级孔径(μm)的上限值，有 $P_{1.6}/P_4/P_{10}/P_{16}/P_{40}/P_{100}/P_{160}$等规格。分析实验中常用$P_{40}$($G_3$)和 P_{16}(G_4)号微孔玻璃滤板，一般须用减压过滤法。

玻璃砂芯漏斗在使用前，先用强酸(HCl 或 HNO_3)处理，然后再用水洗净。洗涤时在抽滤瓶瓶口配一块稍厚的橡皮垫，垫上挖一个圆孔，将微孔玻璃漏斗插入圆孔中；再将强酸倒入微孔玻璃漏斗中，然后减压抽滤，即可洗净漏斗。抽滤结束时，应先通大气，再关闭减压泵，否则减压泵中的水会倒吸入抽滤瓶中。

微孔玻璃漏斗不耐强碱，会损坏漏斗的微孔。因此，不可用强碱处理，也不适于过滤强碱溶液。

过滤时，所用装置减压过滤装置相同，在减压抽滤下用倾泻法进行过滤，具体操作与上述用布氏漏斗过滤相同。

3. 热过滤

图 4-24 热过滤

热过滤就是在普通玻璃漏斗外套上一个保温漏斗，其装置如图 4-24 所示。

某些热的饱和溶液在过滤时，由于温度降低，晶体很容易在滤纸上析出，使过滤发生困难，因此该种溶液就需要在保温的情况下进行过滤，即热过滤。

保温漏斗是铜制的，具有夹层和侧管。夹层内盛水，漏斗上有一注水口，侧管处可加热。保温漏斗内的玻璃漏斗的大小应与保温漏斗相匹配，且为短颈。

为了尽量利用滤纸的有效面积以加快过滤速度，过滤热的饱和溶液时，常使用折叠式滤纸，其折叠方法如图 4-25 所示。

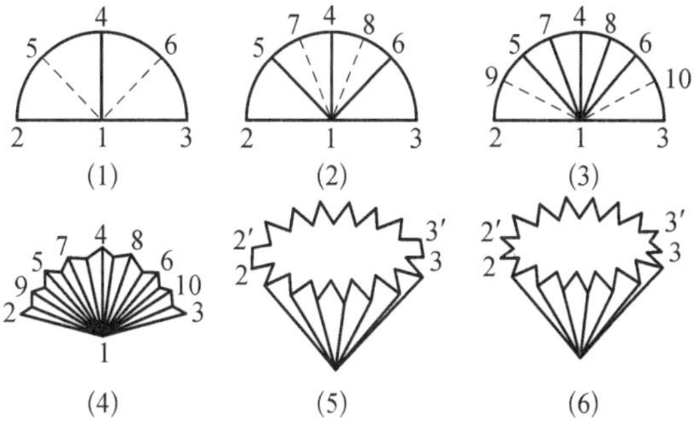

图 4-25　折叠式滤纸

先将滤纸一折为二，再折成四分之一，产生 1-4 折纹。然后将 1-2 的边沿折至 1-4，1-3 的边沿折至 1-4 分别产生 1-5 和 1-6 两条新折纹（图 4-25(1)）。继续将 1-2 折向 1-6 得到 1-7 折纹，1-3 折向 1-5 产生 1-8 折纹（图 4-25(2)）。同样以 1-2 折向 1-5 产生 1-9，1-3 折向 1-6 产生 1-10 折纹（图 4-25(3)）。最后在八个等分的每个小格之间以相反的方向折成 16 等分，结果得到像折扇一样的排列（图 4-25(4)）。在折纹集中的圆心处折时切勿重压，否则滤纸的中央在过滤时容易破裂。打开滤纸，得到图 4-25(5)所示的滤纸，再在 2-2′和 3-3′处各向内折一小折面，即得到菊花形滤纸（图 4-25(6)）。使用前应将这好的滤纸翻转并整理好再放入漏斗中，这样可避免被手弄脏的一面接触滤过的滤液。

过滤时，先将夹套内的水加热，当到达所需温度时，将热的饱和溶液逐渐地倒入漏斗中；在漏斗中的液体仍不宜积得太多，以免析出晶体，堵塞漏斗；最好在漏斗上盖上一表面皿。

也可用布氏漏斗趁热进行减压过滤。为了避免漏斗破裂和在漏斗中析出晶体，最好先用热水浴或水蒸气浴，或在电烘箱中把漏斗预热，然后用来进行减压过滤。

4.4.3　离心分离法

离心分离技术是借助于离心机旋转所产生的离心力，根据物质颗粒的沉降系数、质量、密度及浮力等因子的不同，而使物质分离的技术。

离心机按转速可分为常速（低速）、高速和超速三种。

1. 常速离心机

常速离心机又称为低速离心机。其最大转速在 8 000 rpm 以内，相对离心力（RCF）在 10^4 g 以下，主要用于分离细胞、细胞碎片以及培养基残渣等固形物，和粗结晶等较大颗粒。常速离心机的分离形式、操作方式和结构特点多种多样，可根据需要选择使用。

2. 高速离心机

高速离心机的转速为 $1\times10^4\sim2.5\times10^4$ rpm，相对离心力达 $1\times10^4\sim1\times10^5$ g，主要用于分离各种沉淀物、细胞碎片和较大的细胞器等。为了防止高速离心过程中温度升高而使酶等生物分子变性失活，有些高速离心机装设了冷冻装置，称高速冷冻离心机。

3. 超速离心机

超速离心机的转速达 $2.5\times10^4\sim8\times10^4$ rpm，最大相对离心力达 5×10^5 g 甚至更高一些。超速离心机的精密度相当高。为了防止样品液溅出，一般附有离心管帽；为防止温度升高，均有冷冻装置和温度控制系统；为了减少空气阻力和摩擦，设置有真空系统。此外还有一系列安全保护系统、制动系统及各种指示仪表等。分析用超速离心机用于样品纯度检测时，是在一定的转速下离心一段时间以后，用光学仪器测出各种颗粒在离心管中的分布情况，通过紫外吸收率或折光率等判断其纯度。若只有一个吸收峰或只显示一个折光率改变，表明样品中只含一种组分，样品纯度很高。若有杂质存在，则显示含有两种或多种组分的图谱。

离心分离的方法可分为差速离心、密度梯度离心及等密度离心三类。

(1) 差速离心

采用不同的离心速度和离心时间，使沉降速度不同的颗粒分批分离的方法，称为差速离心。操作时，采用均匀的悬浮液进行离心，选择好离心力和离心时间，使大颗粒先沉降，取出上清液，在加大离心力的条件下再进行离心，分离较小的颗粒。如此多次离心，使不同大小的颗粒分批分离。差速离心所得到的沉降物含有较多杂质，需经过重新悬浮和再离心若干次，才能获得较纯的分离产物。差速离心主要用于分离大小和密度差异较大的颗粒。操作简单方便，但分离效果较差。

(2) 密度梯度离心

密度梯度离心是样品在密度梯度介质中进行离心，使密度不同的组分得以分离的一种区带分离方法。密度梯度系统是在溶剂中加入一定的梯度介质制成的。梯度介质应有足够大的溶解度，以形成所需的密度，不与分离组分反应，而且不会引起分离组分的凝聚、变性或失活，常用的有蔗糖、甘油等。使用最多的是蔗糖密度梯度系统，其梯度范围：蔗糖浓度 5%～60%，密度 1.02～1.30 g/cm^3。

密度梯度的制备可采用梯度混合器，也可将不同浓度的蔗糖溶液，小心地一层层加入离心管中，越靠管底，浓度越高，形成阶梯梯度。离心前，把样品小心地铺放在预先制备好的密度梯度溶液的表面。离心后，不同大小、不同形状、有一定的沉降系数差异的颗粒在密度梯度溶液中形成若干条界面清晰的不连续区带。各区带内的颗粒较均一，分离效果较好。在密度梯度离心过程中，区带的位置和宽度随离心时间的不同而改变。随离心时间的加长，区带会因颗粒扩散而越来越宽。为此，适当增大离心力而缩短离心时间，可减少区带扩宽。

(3) 等密度离心

将 $CsCl_2$、$CsSO_4$ 等介质溶液与样品溶液混合，然后在选定的离心力作用下，经足够时间的离心，铯盐在离心场中沉降形成密度梯度，样品中不同浮力密度的颗粒在各自的等密度点位置上形成区带。前述密度梯度离心法中，欲分离的颗粒未达到其等密度位置，故分离效果不如等密度离心法好。

应当注意的是，铯盐浓度过高和离心力过大时，铯盐会沉淀管底，严重时会造成事故，故等密度梯度离心需由专业人员经严格计算确定铯盐浓度和离心机转速及离心时间。此外，铯盐对铝合金转子有很强的腐蚀性，故最好使用钛合金转子，转子使用后要仔细清洗并干燥。

4.5　重结晶

重结晶是分离提纯固体化合物的一种重要的、常用的分离方法之一。从自然界或是从化学反应分离出来的固体粗产物往往含有未反应的原料、副产物及杂质，必须加以分离纯化。重结晶的原理是利用混合物中各组分在某种溶剂中溶解度不同或在同一溶剂中不同温度时的溶解度不同而使它们相互分离，达到纯化目的。物质在溶剂中的溶解度随温度的变化易改变。通常随温度升高，物质溶解度增大；随温度降低，则溶解度降低。对于随温度升高物质溶解度增大这种常见的情况，加热使物质溶解于溶剂中，当温度降低，其溶解度下降，溶液变成过饱和，从而析出结晶。利用该溶剂对被提纯物质及杂质的溶解度不同，可以使被提纯物质从过饱和溶液中析出，而让杂质全部或大部分仍留在溶液中（若杂质在溶剂中的溶解度极小，则配成饱和溶液后被过滤除去），从而达到分离提纯目的。重结晶适用于产品与杂质性质差别较大、产品中杂质含量小于 5% 的体系。杂质含量过高会影响结晶的速度和提纯效果，往往需要多次重结晶才能达到提纯目的。

重结晶提纯法的一般过程包括：溶剂的选择，固体的溶解，过滤除去杂质，冷却析出晶体，收集并洗涤晶体，干燥晶体等步骤。

4.5.1　选择溶剂

在进行重结晶时，选择理想溶剂是一个关键。理想的溶剂须具备下列相应条件：

（1）不与被提纯物质发生化学反应。

（2）在较高温度时被提纯物质的溶解度较大；在室温或更低温度时，被提纯物质的溶解度较小，即几乎不溶或难溶解。

（3）对杂质溶解很大或者很小（前一种情况目的是要使杂质留在母液中不随被提纯物晶体一同析出；后一种情况是使杂质在热过滤的时候被过滤除去）。

（4）容易挥发即溶剂的沸点较低，以便与结晶分离，从而除去溶剂。

（5）能结出较好的晶体。

（6）价廉易得，无毒或毒性很小，回收率高，便于操作。

（7）适当时候可以选用混合溶剂。

经常采用以下试验的方法选择合适的溶剂：

取 0.1 g 目标物质于一小试管中，逐步滴加溶剂，并不断震荡。滴加约 1 mL 溶剂时，加热至沸（若溶剂沸点低于 100 ℃，采用水浴加热）。若完全溶解，且冷却后能析出大量晶体，这种溶剂一般认为可以使用。如果样品在冷时或热时，都能溶于 1 mL 溶剂中，则这种溶剂不可以使用。若样品不溶于 1 mL 沸腾溶剂中，再分批加入溶剂，每次加入 0.5 mL，并加热至沸；若总共用 4 mL 热溶剂，而样品仍未溶解，这种溶剂也不可以使用；若样品溶于 4 mL 以内的热溶剂中，用水或冰水冷却后仍无结晶析出，这种溶剂也不可以使用。适用溶剂的最终选择，只能用试验的方法来决定。

若不能选择出一种单一的溶剂对欲纯化的物质进行结晶和重结晶，则可应用混合溶剂。混合溶剂一般是由两种可以以任何比例互溶的溶剂组成，其中一种溶剂较易溶解欲纯化的物质，另一种溶剂较难溶解欲纯化的物质。一般常用的混合溶剂：乙醇-水、乙醇-乙醚、乙醇-丙酮、乙醇-氯仿、二氧六环-水、乙醚-石油醚、氯仿-石油醚、苯-石油醚等。最佳复合溶剂的选择必须通过预试验来确定。

表 4-3　常见重结晶溶剂

溶剂	沸点/℃	凝固点/℃	相对密度/(g/cm^3)	溶解度(水)	极性	易燃性
水	100	0	1.000		很大	
甲醇	64.7	−97	0.791 8	与水混溶	很大	易燃
乙醇	78.3	−114	0.789	与水混溶	大	极易燃
冰醋酸	117.9	16.6	1.050	与水混溶	大	463 ℃自燃
丙酮	56.53	−94.9	0.784 5	与水混溶	中	易燃
乙醚	34.1	−116.3	0.713 4	微溶于水	小	易燃
石油醚	30～60	<−73	0.64～0.66	不溶于水	弱	易燃
环己烷	80.7	6.5	0.78	不溶于水	非	极易燃烧
乙酸乙酯	77.06	−84	0.902	可溶于水	中	易燃
苯	80.1	5.5	0.876 5	难溶于水	非	易燃
甲苯	110.6	−94.9	0.87	极微溶于水	弱	易燃
二氯甲烷	39.75	−97	1.325	不溶于水	中	不可燃
氯仿	61.3	−63.5	1.50	不溶于水	很弱	不燃
四氯化碳	76.8	−22.92	1.595	不溶于水	非	不燃

表 4-4　常见重结晶物质对应的溶剂

物质的类别	溶解度大的溶剂
烃(疏水性)	烃、醚、卤代烃
卤代烷	醚、醇、烃
酯	酯
酮	醇、二氧环己烷、冰醋酸
酚	乙醇、乙醚等有机溶剂

续　表

物质的类别	溶解度大的溶剂
酰胺	醇、水
低级醇	水
高级醇	有机溶剂
盐(亲水性)	水

4.5.2　固体物质的溶解

为减少目标物遗留在母液中造成损失的原则，在溶剂的沸腾温度下溶解混合物，并达到饱和。将混合物置于烧瓶或锥形瓶中，滴加溶剂，加热到沸腾。不断滴加溶剂并保持微沸，直到混合物恰好溶解。在此过程中要注意混合物中可能含有不溶物，如为脱色加入的活性炭、纸纤维等，防止误加过量的溶剂。

溶剂应尽可能不过量。但在加热过程中溶剂挥发或热过滤时因温度降低而出现结晶，引起损失。综合考虑，一般可比需要量多加 20%，甚至更多的溶剂。

通过相应试验结果或查阅相关溶解度数据，计算被提取物所需溶剂的用量，再将被提取物晶体置于烧杯中，加入比需要量稍少的适宜溶剂，并加热到稍微沸腾一段时间后，若被提取物未完全溶解，可再添加溶剂，每次加溶剂后仍旧需再加热使溶液至沸腾，直至被提取物晶体完全溶解(注意：在补加溶剂后，发现未溶解固体不减少，应考虑是不溶性杂质，这时就不要再补加溶剂，以免溶剂过量)。

4.5.3　杂质的去除

热溶液中若含有不溶物，应在热水漏斗中使用短而粗的玻璃漏斗进行趁热过滤。热过滤使用菊花型滤纸。溶液若有不应该出现的颜色，待溶液稍冷后加入活性炭，搅拌，再煮沸 5 分钟左右脱色，然后趁热过滤。活性炭的用量一般为固体粗产物的 1%～5%。

用活性炭脱色时，不要把活性炭加入正在沸腾的溶液中。在热过滤时，整个操作过程要迅速，否则漏斗一凉，结晶在滤纸上和漏斗颈部析出，晶体堵塞漏斗颈部，使得操作将无法进行，同时要保持保温漏斗一直在加热。

4.5.4　晶体的析出

将收集的热滤液静置缓缓冷却(一般要几小时后才能冷却完全)，不要急冷滤液或剧烈搅动，因为这样形成的结晶会很细、表面积大、吸附的杂质多。若晶体不易析出，则可用玻棒摩擦器内壁或加入少量该溶质的结晶，引入晶核。不得已也可放置冰箱中促使晶体较快地析出或使用冰水冷却。

4.5.5 晶体的收集和洗涤

把结晶通过减压过滤从母液中分离出来。布氏漏斗滤纸的直径应小于布氏漏斗内径并覆盖所有布氏漏斗的小孔(即滤纸不应大于布氏漏斗的底面)。停止抽滤时先将抽滤瓶与抽滤泵间连接的橡皮管拆开,或者将安全瓶上的活塞打开与大气相通,再关闭泵,防止水倒流入抽滤瓶内。

用少量溶剂润湿晶体,继续抽滤,直至布氏漏斗斜口无液滴流出,重复两三次即可。再进行干燥。注意洗涤时用的溶剂量应尽量少,以避免晶体大量溶解损失。

4.5.6 晶体的干燥

纯化后的晶体,可根据实际情况采取自然晾干,或烘箱烘干、红外线干燥、真空恒温干燥。

4.6 蒸馏与分馏

4.6.1 常压蒸馏

1. 基本原理

一定温度下,液体分子都会从其表面逸出,在空间形成蒸气,建立如下平衡:

$$\text{液体(l)} \rightleftharpoons \text{蒸气(g)}$$

如果液面上的空间是密闭的,蒸气将达到一个恒定的平衡压力,这个压力称为饱和蒸气压。这种情况下,逸出形成蒸气的溶剂的量将正好等于冷凝成液体的蒸气的量。蒸气压大小与溶剂的本性和温度有关。温度愈高,分子逸出变成蒸气的倾向愈大,蒸气压将愈高。在敞开的容器中,蒸气压可以增加到与大气压刚好相等而不再升高,此时液体将沸腾。在大气压下液体沸腾时的温度称为沸点。

蒸馏就是将液体有机化合物加热到沸腾变为蒸气,又将蒸气冷凝为液体这两个过程的联合操作。每种纯液体有机物在一定压力下具有固定的沸点,利用蒸馏可以将沸点相差较大(至少 30 ℃以上)的液体混合物分离。当将沸点相差较大的几种液体混合物进行蒸馏时,沸点低的组分先蒸出,沸点高的组分随后蒸出,难挥发性杂质则留在蒸馏烧瓶中,这样就可以达到分离和提纯的目的。因此,蒸馏是分离和提纯液体有机物的常用方法之一,但在蒸馏沸点比较接近的混合物时,各种物质的蒸气将同时蒸出,只是低沸点的组分多一些而已,这样蒸馏就难于达到分离和提纯的目的,所以液体混合物中各组分的沸点必须相差较大(至少 30 ℃以上),进行常压蒸馏才能得到较好的分离效果。对于沸点比较接近的液体混合物,则用分馏的方法。此外,对于一些在常压蒸馏时未达到沸点就可能因受热分解、氧化或聚合的有机物,可采用减压蒸馏的方法来分离提纯。

因为纯液体有机物在一定压力下具有一定的沸点,且沸程范围很小(0.5～1.0 ℃),所以可利用蒸馏来进行液体有机物沸点的测定,但是具有固定沸点的液体不一定都是纯的物质,因为某些有机物常和其他组分形成二元或三元共沸混合物,而它们在一定压力下也具有一定的沸点。

2. 仪器及其选择

常用的常压蒸馏装置一般由蒸馏烧瓶、蒸馏头、温度计、冷凝管、接引管及接收器组成。如图4－26所示。

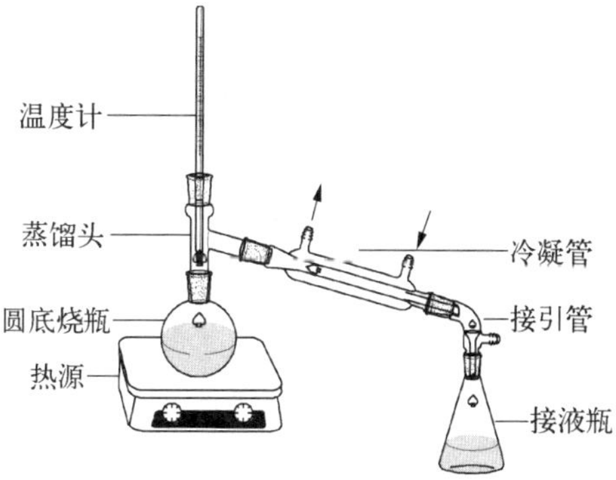

图 4－26　蒸馏装置

蒸馏烧瓶通常分为长颈式和短颈式两种,长颈式适用于蒸馏沸点较低的化合物;短颈式适用于蒸馏沸点较高(120 ℃以上)的液体。蒸馏烧瓶的规格选择应由待蒸馏液体的体积来决定,通常待蒸馏的原料液体应占圆底烧瓶容量的 1/3～2/3,如果装入的液体量过多,当加热达到沸腾时,液体可能冲出,或者液体飞沫被蒸气带出,混入馏出液中;如果装入液体量太少,在蒸馏结束时,相对的会有较多的液体残留在瓶内蒸不出来。

温度计应根据待蒸馏液体的沸点来选择,一般比待蒸馏液体的沸点高 10～20 ℃(当蒸馏含有不同沸点的混合液时,温度计的选择应以沸点高的液体为准),但一般不宜高出太多,因温度计测量范围越大,准确度越差。温度计的水银球在蒸馏过程中,需全部浸在蒸气中,且水银球上应经常保持有液滴,这样才能准确测出气-液平衡时的温度,因此水银球的上沿应和蒸馏头侧管的下沿处在同一水平线上。

蒸馏过程中所用的冷凝管以直形冷凝管和空气冷凝管最为常用。一般来说沸点在 140 ℃以下的蒸馏用直形冷凝管为宜。直形冷凝管为一双层玻璃套管,冷凝水由冷凝管下口进入双层套管中间层,经橡胶管进入水槽,冷凝管出水口应朝上,以使冷凝管充满水。经加热汽化后的蒸气进入冷凝管,被逆流相遇的水冷凝为液体。直形冷凝管的长短粗细选择,首先取决于蒸馏物的沸点,沸点越低,蒸气越不容易冷凝,故所需冷凝管越长,其内径也越粗;反之沸点越高,则蒸气越容易冷凝,因此冷凝管也越细越短。另一方面,如蒸馏物的量较多,则所用蒸馏烧瓶的容量也较大,受热面也增加,从而单位时间内自蒸馏烧瓶内逸出的蒸气量也大,所用冷凝管也需长些和粗些。如蒸馏低沸点液体时,通过冷凝管的水需先经冰水冷却,并将接收器浸在冰浴内。如待蒸馏液体的沸点超过 140 ℃时,则必须使用空气冷凝管,其原因是蒸气温度高,如用水作为冷却介质,冷凝管内外温差增大,从而使得冷凝管接口处局部骤然遇冷容易断裂。

接收器应与大气相通,否则在加热后会造成爆炸事故。如果蒸馏毒性较大的物质,为避免少量没有完全冷凝的毒性气体排入室内,应采用带有支管的接液管,并在接液管上接一橡胶管，引入室外或水槽。

3. 仪器的安装

按蒸馏装置图 4－26 安装仪器。仪器安装原则是从热源开始，按“从下到上，从左到右（或从右到左）”的顺序。首先确定热源高度，然后将蒸馏烧瓶置于电热套中间，调整好温度计的位置，使其水银球上沿和蒸馏头侧管的下沿在同一水平线上。安装冷凝管时，应先调整冷凝管的位置与蒸馏头的侧管同轴，连接好后，用铁夹夹住冷凝管的中间部位，铁夹夹得松紧要适宜，以夹住后稍用力尚能转动为宜。冷凝管出口处连接接液管（冷凝水下端进，上端出），用锥形瓶或圆底烧瓶接收馏出液。仪器组装应做到正确端正、横平竖直。装好的仪器装置不论从正面或侧面观察，都应在同一面内。铁夹应整齐地安装在仪器背后。

4. 仪器的操作

（1）加料

蒸馏装置装好后，取下温度计，把要蒸馏的液体经长颈漏斗倒入圆底烧瓶里。漏斗的下端须伸到蒸馏头支管水平面以下。若液体里面有干燥剂或其它固体物质，应在漏斗上放滤纸，或放一小撮松软的棉花，以滤去固体，也可把圆底烧瓶取下来，把液体小心倒入烧瓶里。

（2）加沸石

蒸馏烧瓶中的液体在加热时，溶解在液体内部的空气或以薄膜形式吸附在瓶壁上的空气可作为大气泡的核心形成汽化中心，有助气泡的形成。如果液体中有许多小空气泡或其他汽化中心，液体即可平稳沸腾。如果液体中几乎不存在空气，瓶壁又非常洁净和光滑，则形成气泡很困难。当加热时，液体的温度可能超过沸点但不沸腾，这种现象称为“过热”，一旦有一个气泡形成，由于此时液体的蒸气压已远远超过大气压力，气泡增大得非常快，甚至将液体冲出瓶外，这种不正常沸腾称为“暴沸”。为了防止溶液暴沸，使沸腾保持平稳，通常加 2～3 粒沸石（或放几根毛细管，毛细管一端封闭，开口的一端朝下，且毛细管的长度应足以使其上端贴靠在烧瓶的颈部）于溶液中，当液体加热到沸腾时，毛细管和沸石均能产生细小的气泡，成为沸腾中心。在持续沸腾时，沸石（或毛细管）可以继续有效，一旦停止沸腾或中途停止蒸馏，则原有的沸石即失效，再次加热前应补加新的沸石。如果事先忘记加沸石，须立刻停止加热，待溶液冷却一段时间后方可补加，决不能在液体加热到近沸腾或沸腾时补加，因为这样往往会引起剧烈的暴沸，使部分液体冲出瓶外，有时还易发生着火事故。

（3）加热

在加热前，应检查仪器安装是否正确，各部分连接是否紧密，原料、沸石是否加好，冷凝管是否通水（冷凝管上端的出水口朝上，冷凝水下端进，上端出），一切无误后方可开始加热。开始加热时，电压可以调得略高一些，一旦液体沸腾，蒸气逐渐上升，当达到温度计水银球时，温度计读数急剧上升，这时应调节电热套电压，使温度计水银球上总保留有液滴，即液体和蒸气保持平衡，此时的温度即液体和蒸气平衡时候的温度，温度计的读数即为馏出液的沸点。若加热的火焰太大，会造成过热现象，温度计水银球上的液滴会消失，温度计读数会偏高。若加热火焰太小，蒸馏会进行很慢，由于蒸气不能将温度计的水银球充分湿润，温度计的读数会偏小或不规律，因此蒸馏速度以 1～2 滴/秒为宜。

(4) 收集馏分

蒸馏前应至少准备 2 个已称重的干燥、洁净的接收瓶（锥形瓶或烧瓶），因为在达到要收集馏出液的沸点前，常有低沸点的液体蒸出，这部分馏出液称为前馏分。前馏分蒸出后，温度逐渐上升并趋于稳定，这时蒸出的就是较纯的物质了，应立即更换一个干燥、洁净并已称重的接液瓶，记下这部分液体开始馏出时和收集到最后一滴时的温度读数，即是该馏分的沸程（沸点范围）。当温度超过沸程范围，停止接收。沸程范围越小，蒸出的物质越纯。

(5) 停止蒸馏

馏分蒸完后，如不需要接收第二组分，可停止蒸馏。在任何情况下（即使温度仍然稳定）也不能将液体蒸干，以免蒸馏烧瓶破裂或发生其他意外事故。

蒸馏完毕应先停止加热，待稍冷后停止通冷凝水。拆除仪器的顺序与安装时相反。

4.6.2　分馏

1. 基本原理

普通蒸馏虽是分离液体有机化合物常用的方法，但是那些沸点相差较小或者沸点接近的混合物，用普通蒸馏的方法难以完全分离。分馏就是利用分馏柱将沸点接近的两种或者两种以上能互溶的液体混合物进行分离和纯化的方法。

分馏与蒸馏相似，实质上是将多次反复的蒸馏过程集中在一根分馏柱内进行的操作，利用分馏柱能使两种或者两种以上沸点接近的混合物分离。当沸腾的混合物蒸气进入分馏柱时，由于沸点较高的组分易被冷凝，所以冷凝液中就含有较多的高沸点组分，而蒸气中低沸点的组分就相应地增多。当冷凝液向下回流时与上升的蒸气接触，两者之间进行热交换，又使上升蒸气中的高沸点组分冷凝下来，低沸点组分仍呈蒸气上升，同时冷凝液中的低沸点组分再次受热汽化，而高沸点组分仍是液态，如此反复气液两相间的热交换，上升蒸气不断地在分馏柱中冷凝和蒸发，而每一次冷凝和蒸发都使蒸气中低沸点组分含量逐步提高，所以说蒸气在分馏柱中上升过程类似于多次简单蒸馏。由此可见，一根高效的分馏柱可使最后冷凝出来的液体是较纯的低沸点成分或低沸点物质占主要成分的馏出物。

分馏柱的分馏效率，分别用“理论塔板值”和“理论塔板等效高度”（HETP）来表示，一个理论塔板值相当于一次简单蒸馏。某分馏柱的分馏效率如果是六个理论塔板值（$n=6$），此分馏柱即近似地相当于经过 6 次简单蒸馏。具有相同分馏效率的分馏柱，其长度不一定相等。如甲、乙两个分馏柱，其 n 均为 20，甲的高度为 60 cm，乙的高度为 20 cm，显然两者的 HETP 是不同的，因为 HETP＝分馏柱高度/理论塔板数，这样，甲分馏柱的 HETP＝60/20＝3 cm，乙分馏柱的 HETP＝20/20＝1 cm。由此可以看出，分馏柱的 HETP 越低，其单位长度的分馏效率就越高。

2. 仪器及其选择

实验室中的简单分馏装置由蒸馏烧瓶、分馏柱、冷凝管和接收器组成,如图 4-27 所示。分馏柱的种类很多,实验室中常使用的分馏柱有填充式(又叫 Hempel)和刺形(又叫韦氏 Vigreux)分馏柱。填充式分馏柱是在柱内填充玻璃管,玻璃珠,陶瓷或螺旋形、马鞍形、网状等各种形状的金属片或金属丝,分离效率高。韦氏分馏柱结构简单,较填充式黏附液体少,分离效率低。无论使用哪一种分馏柱,都要控制加热速度,选择合适的回流比(在单位时间内,由柱顶冷凝返回分馏柱中液体的量与馏出物的量之比),防止加热过快造成液泛而使分馏失败。

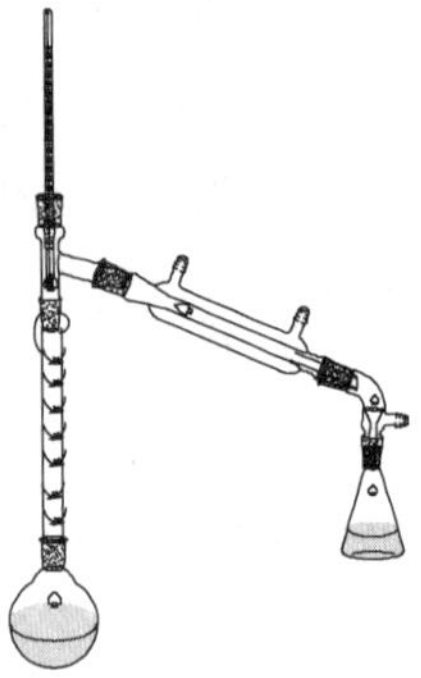

图 4-27 分馏装置

3. 仪器的操作

简单分馏与蒸馏基本相似。分馏是将混合物和沸石加入蒸馏烧瓶中,按图 4-27 安装好仪器,仔细检查仪器安装正确后进行加热。液体开始沸腾时注意调节电压,使蒸气缓慢升入分馏柱。当蒸气上升至柱顶时,温度计水银球即出现液滴,此时调节电压,控制馏出液馏出速度为每 2~3 秒一滴。若馏出速度太快,产品不纯,上升蒸气不平稳,馏出温度上下波动。当室温低或液体沸点高时,为减少分馏柱热量散失,可用石棉绳或石棉布将分馏柱包住。待低沸点馏分蒸完后,温度计的水银球读数骤然下降,然后再慢慢升高温度,按各组分沸点馏出各馏分。

4.7 水蒸气蒸馏

4.7.1 基本原理

水蒸气蒸馏是分离提纯有机物的常用方法之一。水蒸气蒸馏是将水蒸气通入不溶或难溶于水但有一定蒸气压的有机物中,使有机物在低于 100 ℃温度下,随水蒸气一起蒸馏出来的过程。被提纯物质必须具备以下条件:

(1) 不溶或难溶于水。

(2) 在 100 ℃左右具有一定蒸气压(一般不低于 1.33 kPa)。

(3) 与水一起沸腾时,不发生化学反应。

(4) 在常压下蒸馏易发生分解的高沸点有机化合物。

如下几种情形较适用于水蒸气蒸馏:含有较多固体混合物,而用一般蒸馏、萃取或过滤等方法又难以分离的物质;混合物中含有大量树脂状物质或不挥发性杂质,采用蒸馏或萃取方法难以分离的物质;从某些天然产物中提取有效成分。

当不溶或难溶于水的物质与水一起共热时,根据道尔顿分压定律,整个体系的蒸气压应为各组分蒸气压之和。即：

$$p = p_A + p_B$$

其中，p 表示混合物中总蒸气压；p_A 表示不溶或难溶于水的物质的蒸气压；p_B 表示水的蒸气压。当混合物的总蒸气压与外界大气压相等时，这时的温度即为它们的沸点。此沸点必然低于任一组分的沸点。即该有机化合物在比其正常沸点低得多的温度下，而且在低于 100 ℃的温度下可与水一起蒸馏出来。

馏出液中有机物的质量与水的质量之比，等于两者的分压分别与各自相对分子质量的乘积之比，因此，馏出液中的有机物与水的质量之比可按下式计算：

$$\frac{m_A}{m_B} = \frac{M_A \times p_A}{18 \times p_B}$$

式中，p_B 可查手册得到；p_A 可以近似地用大气压与水蒸气压之差计算，即 $p_A = p_{大气} - p_B$，$p_{大气}$ 可由气压计读得。

以苯胺为例，其沸点为 184.4 ℃，若将苯胺进行水蒸气蒸馏，混合物沸点为 98.4 ℃，在此温度下，苯胺的蒸气分压为 5.60 kPa，水的蒸气分压为 95.17 kPa，苯胺的相对分子质量为 93，所以，馏出液中苯胺与水的质量比是：

$$\frac{m(C_6H_5NH_2)}{m(H_2O)} = \frac{93 \times 5.60}{18 \times 95.71} = \frac{1}{3.3}$$

即每蒸出 3.3 g 水就能带出 1 g 苯胺。上述计算为近似值，实际得到的有机物比理论值低，因为许多有机物在水中有一定的溶解度。

4.7.2　水蒸气蒸馏装置

水蒸气蒸馏装置主要由水蒸气发生器、长颈圆底烧瓶、直型冷凝管和接收器组成，如图 4 - 28 所示。

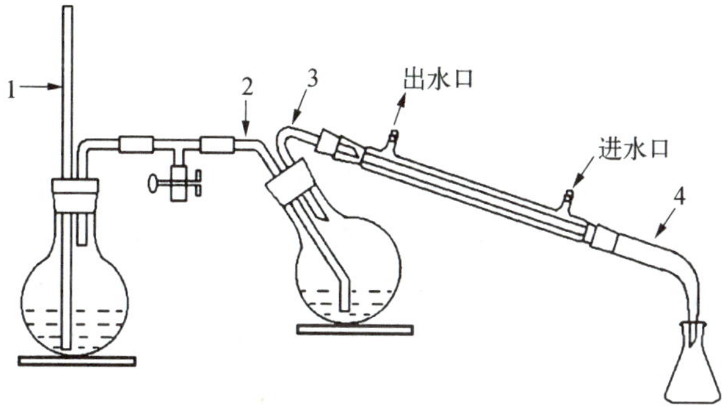

1. 安全管　2. 水蒸气导入管　3. 水蒸气蒸馏馏出管　4. 接液管

图 4 - 28　水蒸气蒸馏装置

水蒸气发生器可为圆底烧瓶，发生器内装水一般不超过其容量的3/4。瓶口配一双孔软木塞，其中一孔插长为1 m左右，直径约为5 mm的玻璃管，作为安全管，玻璃管的下端接近瓶底。如果蒸气压力太大或系统发生堵塞，水可沿玻璃管上升，以调节压力，防止危险发生。若有堵塞，应拆下装置进行排除。另一孔插入一支弯成90°角，内径约8 mm的水蒸气导出管，与T形管相连。T形管的支管套一段橡胶管，用螺旋夹夹住，T形管的另一端与蒸气导入管相连，这段水蒸气导入管要尽可能得短，以减少水蒸气的冷凝。T形管用于及时除去冷凝下来的水。若操作出现故障时，也可使其与大气相通，以便排除故障。

蒸馏瓶通常采用长颈圆底烧瓶，为防止瓶中液体冲入冷凝管而玷污馏出液，烧瓶以45°角放置。蒸馏瓶口配一双孔软木塞，一孔插入蒸气导入管，蒸气导入管一端应弯成135°角。尾端也弯曲，使之与台面垂直地正对瓶底中央并伸到接近瓶底，使水蒸气与被蒸馏物质充分接触，并起搅拌作用。另一孔插入弯成30°的玻璃管，与冷凝管相连，馏出液通过接液管进入接液瓶。目前已有配套的磨口仪器，使用起来更方便。

4.7.3 实验操作

在水蒸气发生器中加入不超过容积3/4的水，然后将欲分离的物质（混合液或有少量水的固体物质）放入蒸馏瓶中（瓶内液体不超过其容积的1/3），按图4－28装好仪器。打开T形管上的螺旋夹，加热水蒸气发生器，当有水蒸气从T形管滴下时，夹紧T形管上的螺旋夹，使水蒸气均匀进入蒸馏瓶，同时在冷凝管内通冷凝水。为不使蒸气过多地留在蒸馏瓶中冷凝下来，可在石棉网上用小火加热蒸馏瓶。控制加热速度，使蒸气全部冷凝下来为宜。如果随水蒸气挥发的物质具有较高的熔点，冷凝后易析出固体，可暂时停止通冷凝水，甚至将冷凝水放掉，使固体熔融后流入接液瓶。当重新通冷凝水时，为避免冷凝管骤冷而炸裂，应缓慢通入。如果已经堵塞冷凝管，应立即停止蒸馏，进行疏通（用玻璃棒通出或用电吹风熔化固体，也可以在冷凝管内注入热水）。当蒸馏液变得澄清透明，不再有油状物时，蒸馏即可结束。

蒸馏完毕或被迫中断时，必须先打开T形管上的螺旋夹与大气相通，然后方可停止加热，移去热源，否则会造成倒吸。

在100 ℃左右蒸气压较低的化合物，可以用过热蒸气进行蒸馏。在T形管和发生器之间连一段铜管（螺旋形更好），用火加热铜管，形成过热蒸气，提高蒸气温度，同时烧瓶用油浴保温。

例如，粗苯甲酸乙酯的水蒸气蒸馏，在水蒸气发生器中加入容积约2/3的水，在100 mL圆底烧瓶中加入20 mL苯甲酸乙酯，按图4－28装好仪器。检查完好后，打开T形管上的螺旋夹，加热水蒸气发生器至沸腾，有水蒸气从T形管冲出时，夹紧T形管上的螺旋夹，同时在冷凝管内通冷凝水。此时，水蒸气通入蒸馏瓶，瓶中的混合物开始沸腾。很快馏出物在冷凝管中冷凝为乳浊液，流入洁净干燥的接液瓶。调节火焰，不致瓶内的液体飞溅太厉害，控制馏出液的馏出速度为每秒2～3滴。要随时注意安全管中水柱的上升情况和烧瓶内的液体是否有倒吸现象。

当蒸馏液变得澄清透明，无油状物时，打开 T 形管的螺旋夹，停止加热。将馏出液导入分液漏斗，待分层后，分出有机层，置于锥形瓶中，加适量无水氯化钙干燥，振荡至透明，过滤后称重或量取体积。

4.8　萃取分离

萃取是提取或纯化化学物质的方法之一，该方法操作简便而被广泛应用。应用萃取可以从固体或液体混合物中提取出所需要的物质，也可以用来洗去混合物中少量杂质。通常称前者为“提取”“抽提”或“萃取”，后者为“洗涤”，这里简单地统称为萃取。萃取可分为液-液萃取、液-固萃取和固相萃取。

视频：溴水中溴的萃取与分离

4.8.1　液-液萃取

1. 基本原理

液-液萃取是利用待提取物在两种互不相溶（或微溶）的溶剂中溶解度或分配比的不同，使其从混合物存在的溶剂（溶液）转移到另一种溶剂（萃取溶剂）中而达到分离、提取或纯化的目的。

分配定律是液-液萃取的主要理论依据。在两种互不相溶的混合溶剂中加入某种可溶性物质时，它能以不同的溶解度分别溶解在这两种溶剂中。实验证明，在一定温度下，若该物质的分子在此两种溶剂中不发生分离、分解、缔合和溶剂化等作用，则此物质在两种溶剂中的浓度之比是一个常数，假如一种物质在两液相 A 和 B 中的浓度为 c_A 和 c_B，则在一定温度下，$c_A/c_B=K$，K 是一个常数，称为分配系数，这种关系式称为分配定律。K 可以近似作为物质在两溶剂中的溶解度之比。

根据分配定律的表达式可以计算出每次萃取后溶液中溶质的剩余量。要提高一定体积溶剂萃取的效率，进行多次萃取效果较好。

假设：m_0(g)为溶质（待萃取物质）的总质量，m_1(g)为第一次萃取后待萃取物质在原溶液中剩余的质量，V(mL)为原溶液的体积，V_S(mL)为每次萃取所用萃取溶剂的体积。则待萃取物质在萃取溶剂中的浓度是$(m_0-m_1)/V_S$，在原溶液中的浓度是 m_1/V，则有：

$$K=\frac{(m_0-m_1)/V_S}{m_1/V} \quad 即：m_1=m_0\,\frac{V}{V+KV_S}$$

经过 n 次萃取后：

$$m_n=m_0\left(\frac{V}{V+KV_S}\right)^n$$

由以上各式可知，分配系数 K 越大，即待萃取物质在萃取溶剂中的溶解性比在原溶液中的溶解性越高，分式的值越小，待萃取物质的剩余量越小，萃取效率越高。再有，分式的值恒小于 1，从数学意义上讲：当 $n\to\infty$ 时，$m_n\to 0$，即对于一定量的萃取溶剂，分多次萃取效率高。例如，在 60.0 mL 水中含有 2.0 g 异丁醇，在 20 ℃时用 60.0 mL 乙醚来萃取。已知此温度下异丁醇在乙醚和水中的分配系数是 7.0，如果用 60.0 mL 乙醚一次萃取，水中剩余的异丁醇的量：

$$m_1 = m_0 \frac{60.0}{60.0 + 7.0 \times 60.0} = 0.125 m_0$$

萃取效率（萃取百分率）为 87.5%；若每次用 20.0 mL 乙醚，分三次萃取，水中剩余的异丁醇的量：

$$m_3 = m_0 \left(\frac{60.0}{60.0 + 7.0 \times 20.0}\right)^3 = 0.027 m_0$$

萃取效率为 97.3%。

在实际操作中，可根据分配系数和实验要求确定萃取次数，一般萃取 3～5 次，因为萃取次数继续增加，萃取效率的增加幅度已越来越小。在萃取过程中，萃取溶剂的总体积应保持在最低限度，这样即可以避免浪费，又减少了回收溶剂所需的时间。萃取后将各次萃取液合并，加入适当的干燥剂干燥，然后蒸去溶剂，所得物质可视其性质再用蒸馏、重结晶等方法进一步提纯。

当原溶液中含有多种物质时，选择的萃取溶剂对于待萃取物质的分配系数应该明显大于其他物质的分配系数，否则，就不能用萃取的方法对该物质进行分离提纯。可见，萃取溶剂的选择对于萃取效果是非常重要的。在选择溶剂时要遵循以下原则：

① 萃取溶剂不能与原溶液的溶剂互溶。

② 萃取溶剂对待萃取物质应有较大的分配系数。

③ 萃取溶剂与混合物不起化学反应。

④ 萃取溶剂应与待萃取物质易于分离。

⑤ 萃取溶剂应具有高纯度、低沸点、低毒性等特点。

当使用有机溶剂从水溶液中萃取有机物时，可先在水溶液中加入一定量的电解质（如氯化钠），降低有机物和萃取溶剂在水溶液中的溶解度，提高萃取效率。

除了利用分配比不同来萃取外，另一类萃取原理是利用萃取剂可以与被萃取物质起化学反应而进行萃取，经常用在有机合成反应中以除去杂质或分离有机物，这个过程称为洗涤。如果有机层中含有需要除去的酸性物质，就可用水或稀的弱碱水溶液来洗涤。如果要除去碱性物质，可用稀酸水溶液洗涤。

2. 操作步骤

(1) 间歇多次萃取

常用的仪器是分液漏斗。操作时应选择容积较溶液体积大一倍以上的分液漏斗，在使用分液漏斗前必须检查分液漏斗顶端的玻璃塞（此塞不得涂油）和活塞是否严密，活塞是否漏水。若活塞有漏水现象，应取出活塞，用滤纸或干布擦干内壁，涂以少许润滑脂（如凡士林），转动活塞使其均匀透明，然后将分液漏斗放在固定的铁环中，关好活塞，装入待萃取溶液和萃取溶剂，盖好玻璃塞，以图 4－29 所示的方式握住漏斗振荡，使两相之间充分接触。振荡过程中要使漏斗倾斜至上口低于下口，并将下口朝向无人处，右手捏住上口颈部，用食指根部压住玻璃塞。左手握住活塞，并以拇指和食指捏住活塞柄，握持方式以既要防止振荡时活塞转动或脱落，又便于旋动活塞为准。开始震荡要慢，每摇几次后，将漏斗仍保持倾斜状态，旋通活塞，放出因溶剂挥发或反应产生的气体，常称为“放气”，这对于低沸点溶剂或有气体生成的萃取过程来讲十分重要。反复地震荡、放气数次之后，将分液漏斗静置于铁环上，待乳浊液分层后，旋转顶端玻璃塞对好放气孔或打开玻璃塞，慢慢旋开下端活塞将下层液体自活塞放出。当两相界面接近活塞时，小心操作，下层基本放完，关闭活塞。上层的液体由上口倒出，切不可经活塞放出，以免被漏斗颈部的下层残液所污染。萃取过程中，上下两层液体应该保留到实验完毕，以防中间操作出现错误而不可补救。

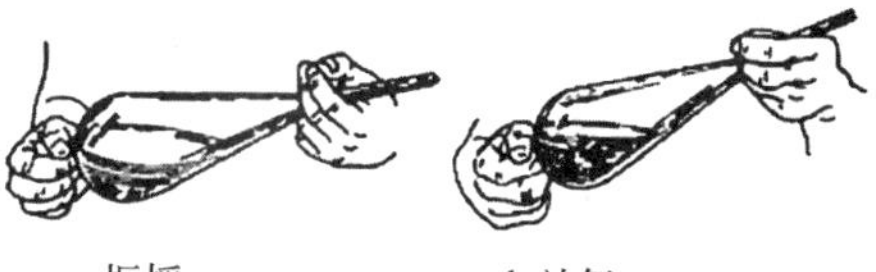

a 振摇　　b 放气

图 4－29　分液漏斗的振荡方法

当萃取过程中出现乳化现象时，可以根据情况分别采取如下方法：较长时间静置或加入少量电解质，碱性物质造成的乳化现象可加入少量稀硫酸或过滤或加入乙醇、碘化蓖麻油等消泡剂。

(2) 连续萃取

当被萃取物质在原溶剂中比在萃取溶剂中更容易溶解时，如果用间歇多次萃取的方法，就必须使用大量的溶剂并增加萃取次数。为了减少萃取溶剂的用量，最好采用连续萃取的方法，其装置有两种：一种适用于萃取溶剂的密度小于被萃取溶液的情况，即轻溶剂萃取器，如图 4－30(1)所示；另一种适用于萃取溶剂的密度太于被萃取溶剂的萃取器，如图 4－30(2)所示。

装置中的圆底烧瓶既是接收器又是蒸发器，加热圆底烧瓶使萃取溶剂汽化，至冷凝管液化滴入萃取器，形成萃取液后流回接收器，再经汽化、冷凝、萃取，依此往复循环，达到连续萃取的目的。

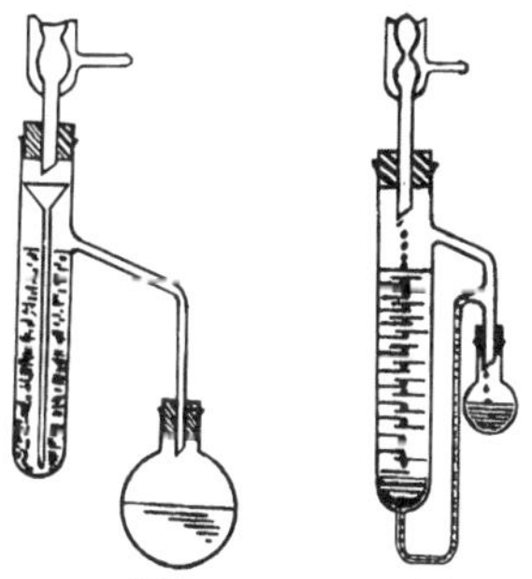

(1)　　(2)

图 4－30　连续萃取装置

4.8.2　液-固萃取

液-固萃取是利用固体物质在溶剂中的溶解度不同而达到提取分离的效果，选择适当的溶剂在常温下或在加热条件下将需要的物质溶入液相而将杂质留在固相。

固相萃取的原理与柱色谱相同(详见 4.9 色谱技术)。

液-固萃取常采用浸提法、加热提取法等。若提取物对某溶剂的溶解度大，可采用浸提法；若溶解度小，可用加热提取法。

浸提法就是把固体混合物先行研细，加入适当的溶剂，用力振荡，然后用过滤或倾析的方法把萃取液和残留的固体分开。若被提取的物质特别容易溶解，也可以把固体混合物放在有滤纸的玻璃漏斗中，用溶剂洗涤。这样，所要萃取的物质就可以溶解在溶剂里，而被过滤提取。

加热提取法又分为普通回流法和索氏提取法。普通回流法，是在回流装置中用溶剂将固体物质浸渍后，加热回流促使被提取物溶入溶剂，再通过过滤分开液相和固相。

如果萃取的物质溶解度很小，一般用索氏提取法，又称连续回流法。索氏提取器由烧瓶、抽提筒和回流冷凝管三部分组成。装置如图 4－31 所示。

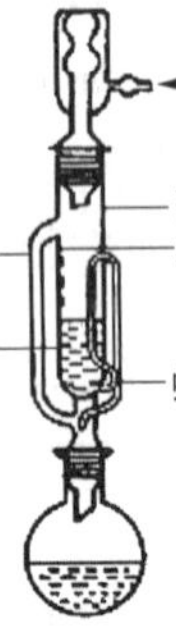

图 4－31　索氏提取器

索氏提取器是利用溶剂的回流及虹吸原理，使固体物质每次都被纯的热溶剂所萃取，减少了溶剂用量缩短了提取时间，因而效率较高。萃取前，应先将固体物质研细装入滤纸筒内，再置于抽提筒中。烧瓶内盛溶剂后与抽提筒相连，抽提筒上端接冷凝管。烧瓶加热后，溶剂受热汽化，蒸气沿抽提筒侧管上升至冷凝管液化，滴入抽提筒中浸泡筒内样品。当液面超过虹吸管最高处时，萃取液虹吸流回烧瓶，每次都将可溶于溶剂的物质带入烧瓶一部分。如此多次重复，就会将被提取的物质富集于烧瓶内。提取液经浓缩除去溶剂后即得产物，必要时可用其他方法进一步纯化。

4.9　色谱技术

色谱法是分离、纯化和鉴定有机化合物的重要方法之一，具有极其广泛的用途。

当一个混合物被导入固定相中，并用另一个流体（流动相）洗脱时，由于混合物中各组分与固定相和流动相的相互之间的作用力不同，导致各组分通过固定相的速率不同，从而使混合物中各组分得到分离，通过这一过程使混合物得到分离的方法称之为色谱法。

色谱法的基本原理是利用混合物各组成部分在某一物质中的吸附或溶解性能（分配）的不同，或其他性能作用的差异，使混合物的溶液流经该物质，进行反复的吸附或分配等作用，从而将各组分分开，流动的混合物溶液称流动相，固定的物质称固定相，固定相可以是固体亦可为液体。

根据组分在固定相中的作用原理不同，可分为吸附色谱、分配色谱、离子交换色谱、凝胶色谱、电泳色谱等。利用物质吸附能力不同进行分离的称为吸附色谱，常用的吸附剂有硅胶、氧化铝、活性炭、大孔吸附树脂、聚酰胺等。利用物质在两相不互溶的溶剂中分配比的不同进行分离的称为分配色谱，常用的支持剂有硅胶、硅藻土、纤维粉等。利用物质解离程度不同进行分离的称为离子交换色谱，常用的离子交换树脂有强酸型、强碱型、弱酸型、弱碱型等。利用物质分子大小不同进行分离的称为凝胶色谱（又称为分子筛或排阻色谱），常用的凝胶有葡萄糖凝胶、羟丙基葡萄糖凝胶、交联聚苯乙烯凝胶等。利用电流通过时，离子趋电性不同进行分离的称为电泳色谱，常用的有纸电泳、琼脂电泳、凝胶电泳等。

根据其具体进行的方式的不同，又可分为柱色谱、薄层色谱、纸色谱等。通常在柱上进行的称为柱色谱，由于其分离量较大，因此主要用于分离纯化制备。在薄层上进行的称为薄层色谱，在纸上进行的称为纸色谱，由于此二者的分离量小，因此主要用于分离鉴定，也可用于半微量制备。本节主要介绍硅胶吸附柱色谱。

4.9.1 硅胶柱色谱基本原理

硅胶柱色谱分离原理是根据物质在硅胶上的吸附力不同而得到分离。整个柱层析过程即是吸附、解吸、再吸附、再解吸过程。由于各组分对于硅胶的作用能力不同(一般情况下极性较大的物质易被硅胶吸附，极性较弱的物质不易被硅胶吸附)，向下移动的速率也不同，作用能力强的移动得慢，作用能力弱的移动得快，分别收集各组分的洗脱液，通过薄层色谱或纸色谱逐一鉴定，相同组分的收集液合并，回收溶剂，即可得到单一的纯物质，使各组分得到分离。

4.9.2 色谱柱的选择

市场上有各种规格的色谱柱可供选择，下端带有活塞或不带有活塞而带有垂熔筛板的均可选用。目前市场上的色谱柱，其径高比一般在 1∶10～1∶20 范围，如果所需组分和杂质的分离度较大，可以减少填料，使用内径相对较小的柱子(如 2 cm×20 cm 的柱子)；如果 R_f 相差不到 0.1，就要加大柱子，增加填料量，比如用 3 cm 内径的柱子。一般而言，柱子较长，相应的塔板数就高，分离较好。若柱粗而短，则分离效果较差，若柱过细而长，可能也会因为扩散或拖尾而影响分离效果。而且样品长时间吸附在硅胶上和长时间被光照射会使样品中的某些成分发生变化。因此，分离复杂样品常先使用短而粗的柱子进行粗分，然后再用较细而长的柱子进行分离。另外，所选用的色谱柱应比装入的吸附剂的柱长再长一段，以备存有一定量的洗脱剂。通常，为防止溶剂的挥发及减少溶剂的加入次数，可加一玻璃溶剂球或分液漏斗。

4.9.3 吸附剂的选择及用量

常用硅胶吸附剂为 200～300 目，对于较易分离的物质也可用 100～200 目硅胶，过柱速度更快，300～400 目硅胶使用较少。通常，在实际操作中，要首先确定干燥、不含溶剂的待分离混合物的重量，填料量一般是样品量的 20～50 倍，具体的选择要根据样品的性质和含量进行具体分析。如果各组分极难分开，也可以用 100 倍量的硅胶。考虑到安全因素，硅胶的量取必须在通风橱中进行。

4.9.4 洗脱剂(展开剂)的选择

在柱色谱分离中，洗脱剂的选择非常重要，通常根据被分离物质中各组分的极性、溶解度和吸附剂活性来考虑。通常，洗脱剂的选择可通过薄层色谱确定。在利用薄层色谱寻找恰当的柱色谱洗脱剂时，可多尝试几种比例不同，成分不同的薄层色谱展开剂。一般

以目标产物的 R_f 值在 0.3 左右为最佳。一般而言，在薄层色谱中能将各组分完全分开的展开剂，可作为柱色谱的洗脱剂。

选择洗脱剂时，一般要求以下几点：

① 由于硅胶柱色谱属于极性吸附剂，故选择的洗脱剂的极性应略低于样品的极性。

② 洗脱剂对样品的溶解度要适当。

③ 洗脱剂与硅胶不发生化学反应。

④ 洗脱剂纯度要高，不含杂质。

色谱柱的洗脱首先使用极性较小的溶剂，然后逐渐增加洗脱剂的极性，使极性不同的化合物按极性大小由小到大的顺序自色谱柱中洗脱下来。

常用的洗脱剂的极性按递增顺序如下：

石油醚＜环己烷＜甲苯＜苯＜二氯甲烷＜氯仿＜乙醚＜四氢呋喃＜乙酸乙酯＜丙酮＜乙醇＜甲醇＜水＜吡啶＜乙酸

使用单一溶剂，往往不能达到很好的分离效果，通常使用由一个高极性溶剂和一个低极性溶剂组成的混合溶剂，高极性的溶剂还有增加区分度的作用。

常用的溶剂组合：

石油醚/乙酸乙酯，石油醚/丙酮，石油醚/二氯甲烷，二氯甲烷/乙酸乙酯，乙酸乙酯/甲醇，氯仿/乙酸乙酯等。

4.9.5 操作步骤

1. 装柱

色谱柱必须填装均匀，且不能有气泡。若填装不均匀，则被分离物质的移动速度不一致，会影响分离效果。选定色谱柱后，通常用一小团棉花垫活塞底端以避免硅胶的流失，目前已有磨砂底的硅胶柱，可直接使用。装柱时必须首先将色谱柱竖直地固定在支架上，然后用干法或湿法进行装柱：

(1) 干法装柱

干法装柱是将硅胶均匀地倒入柱内，中间不能间断。通常在柱的上端放一个玻璃漏斗，使硅胶经漏斗成细流状慢慢地加入柱内，同时可用洗耳球等软物轻轻敲打色谱柱，使填装均匀，尤其是在填装较粗的色谱柱时，更应该小心谨慎，再在上面加一层 5 mm 厚的石英砂。硅胶填装好后，打开活塞，在下面接抽真空水泵对柱子抽真空 5～10 分钟，再沿管壁缓缓加入石油醚等低极性溶剂(若是氯仿/醇体系，则加入氯仿)，使硅胶完全润湿，柱内不能有气泡，如果有气泡需通过搅拌等方法除去，也可继续加入溶剂，加压使气泡随溶剂从下端流出。

(2) 湿法装柱

湿法装柱更容易赶走硅胶内的气泡，故一般以湿法装柱较好。在通风橱中量取适量的硅胶，不要让硅胶的体积超过烧瓶的 1/3，因为还要在其中加入至少 1.5 倍体积的溶剂，将其制成浆状，用力振荡和强烈搅拌，使其充分混合，并且除去硅胶中的气体，用漏斗小心缓慢地将浆状物移入分离柱中，注意在灌浆的过程中不时地停下来并且摇动浆体，以确保硅胶混合均匀，有助于硅胶带入的气泡外溢。灌浆结束后，用洗脱液反复冲洗烧瓶几次，并且将余下的溶剂硅胶混合物加入分离柱中，用滴管和洗脱液将黏附在柱子顶部边缘上的硅胶冲洗到溶剂层中。当所有的硅胶都被洗离柱壁，打开活塞，加压。确保柱面平整，如果不平，必须重新搅拌，然后沉降下来。在加压下，加入过量的洗脱液，用洗耳球等软物轻轻地敲打柱子，这将使硅胶颗粒填充得更加紧密，收集从柱子中流出的所有洗脱液，上样之后可重复使用。

2. 上样

样品的加入有湿法上样和干法上样。湿法上样具有吸附剂对样品的死吸附较少、样品回收率较高和操作简便等优点，但是有些样品溶解性差，能溶解的溶剂（比如 DMF、DMSO 等）不能上柱，这时必须用干法上样。

湿法上样是先将样品溶解于首次使用的洗脱剂中，如果样品在其中不溶解，可改用极性较小的其他溶剂，样品需完全溶解，不得有颗粒或固体。要求样品溶液的体积要尽量小，浓度高，才能形成谱带狭窄的原始带，便于分离，若样品溶液的体积过大，会导致色带分散不集中，影响分离效果。

干法上样是先将样品溶在易溶且易挥发的有机溶剂（如二氯甲烷）中，样品溶液体积不要太大，将样品溶液与吸附剂硅胶拌匀后旋去溶剂（通常样品和吸附剂的比例一般是 1∶2～1∶3），要保证旋干后看不到明显的固体颗粒（这说明样品没有完全吸附在硅胶上），将吸附有样品的硅胶均匀地添加到色谱柱中吸附剂的上面，注意动作要轻，不能扰动柱面。

3. 洗脱

结束上样后，打开色谱柱下端活塞，小心地加入洗脱液注意不要冲坏色谱柱面，影响分离效果。有色物质在日光下即可观察到明显的色谱带，有些无色物质虽然在日光下观察不到色谱带，但是在紫外灯下有明显的荧光色谱带。洗脱液的收集既可按色谱带收集，也可按等流份收集法收集。由于一个色带可能含有多个组分，故通常按等流份收集法收集，即分取一定量洗脱液为一份，连续收集。每份洗脱液的收集体积，应根据所用硅胶的量和样品的分离难易程度的具体情况而定。若洗脱剂的极性较大或被分离组分结构相似，则每份的收集量要少一些。为了解洗脱液中各洗脱部分的情况，以便及时调节收集体积的多少和选择或改变洗脱剂的极性，通常采用薄层色谱（TLC）或纸色谱定性鉴定。根据分析结果，可将成分相同的洗脱液合并或者更换洗脱剂。合并的洗脱液回收溶剂后，可得到单一成分。若仍为几种成分的混合物，则需通过柱色谱或其他方法进一步分离。

柱色谱使用时的注意事项：

① 检查并确定柱子是否完全垂直，倾斜的柱子不利于分离。

② 考虑到要用大量挥发性溶剂，以及干燥硅胶对于健康的危害，不允许在通风橱外进行柱的操作。

③ 保证填料的均匀，使吸附剂的松紧一致。

④ 装柱、上样和洗脱过程中溶剂液面不得低于填充层，否则会使柱色谱中进入气泡或形成裂缝，影响分离效果。

⑤ 流出液的速度不应太快，流速太快，柱中交换达不到平衡，影响分离效果。

⑥ 使用梯度法进行洗脱时，要逐步提高溶剂的极性(每 100 mL 甚至更多溶剂中增加 5%左右的极性)，过于急速的极性变换可能会使硅胶层出现裂缝，严重影响分离效果。

4.10 酸度计

酸度计也称 pH 计，是用来精密测量溶液 pH 值的一种常用仪器设备，它的主体是精密的电位计，因此也用于测量电池的电动势。将一支 pH 复合电极(或一对电极)插在被测溶液中，由于被测溶液的酸度(或离子浓度)不同而产生不同直流毫伏电动势，将此电动势输入到电位计，经电子转换，最后在指示器上显示出测定结果(pH 或毫伏值)。

酸度计按精度分可分为 0.2 级、0.1 级、0.02 级、0.01 级和 0.001 级，数字越小精度越高；按应用场合分类，可分为笔式 pH 计、便携式 pH 计，实验室台式 pH 计和在线连续监控测量的在线式 pH 计。笔式 pH 计量程单一，测量范围小，主要用于代替 pH 试纸的功能，使用方便，但精度低。便携式和台式 pH 计测量范围较广，不同点是便携式采用直流供电，可携带到现场，实验室 pH 计测量范围广，功能多，测量精度高。

实验室常用的 pH 计型号也有多种，如雷磁 25 型、pHS－2 型、pHS－25 型、pHS－10B 型、pHS－3C 型等，但基本原理、操作步骤大致相同。本书主要介绍 pHS－3C 型酸度计。

4.10.1 基本原理及构造

pHS－3C 型酸度计是实验室中广泛使用的一种精密数字显示酸度计，其测量范围宽，重复误差小。由电极和电位计两部分构成。电极有指示电极和参比电极。指示电极的电极电势随被测试液 pH 的变化而变化，它们符合能斯特方程中电极电势与离子浓(活)度间的关系。常用的离子选择性电极为指示电极，pH 玻璃电极是测量 pH 的指示电极，结构如图 4－32 所示，电极内装有浓度为 0.1 mol·L^{-1} 的 HCl 溶液，溶液中插有一支 Ag－AgCl 电极，下端的玻璃球泡是 pH 敏感电极膜，厚度约 0.03～0.1 mm，能响应 H^+ 活度，25 ℃时玻璃电极的膜电位与溶液的 pH 呈线性关系：φ(玻璃) = $\varphi^\ominus$(玻璃) − 0.059 2pH。

通常以饱和甘汞电极作参比电极，结构见图 4－33，有金属汞、甘汞(Hg_2Cl_2)、饱和 KCl 溶液组成，内玻璃封管中有一根铂丝插入纯汞中，纯汞下面有汞和甘汞的糊状物；外玻璃管中装有饱和 KCl 溶液，下端为多孔性物质(通常为素烧陶瓷)，通过素烧陶瓷的毛细孔，可使内外溶液相通。参比电极的电极电势通常是恒定的，25 ℃时饱和甘汞电极的电极电势为 0.243 8 V。

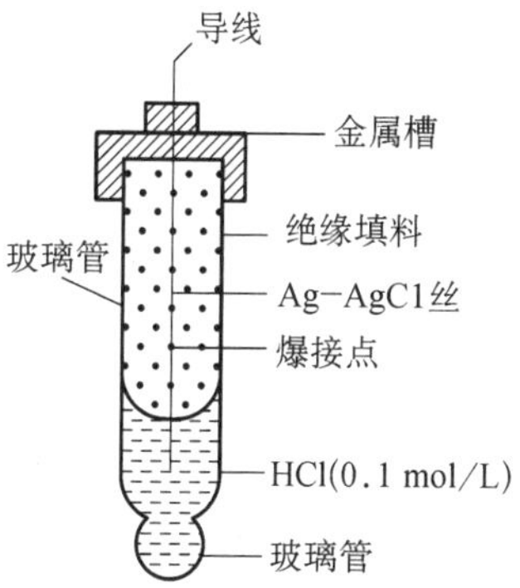

图 4 - 32　玻璃电极

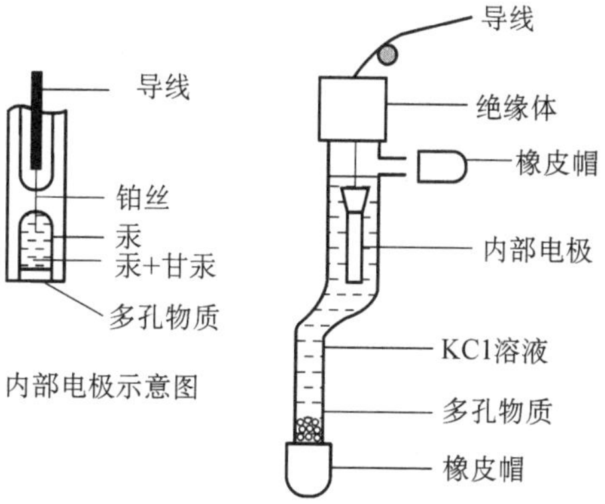

图 4 - 33　甘汞电极

目前实验室常用的是将 pH 玻璃电极和参比电极合二为一的 pH 复合电极(图 4 - 34)，其优点是使用方便，不受氧化性或还原性物质的影响，且平衡速度快。

pHS - 3C 型酸度计的面板结构如图 4 - 35 所示。仪器设置了稳定的定位调节器和斜率调节器，前者用来抵消测量电池的起始电位，使仪器的示值与溶液的实际 pH 相等，后者通过调节放大器的灵敏度使 pH 整量化。

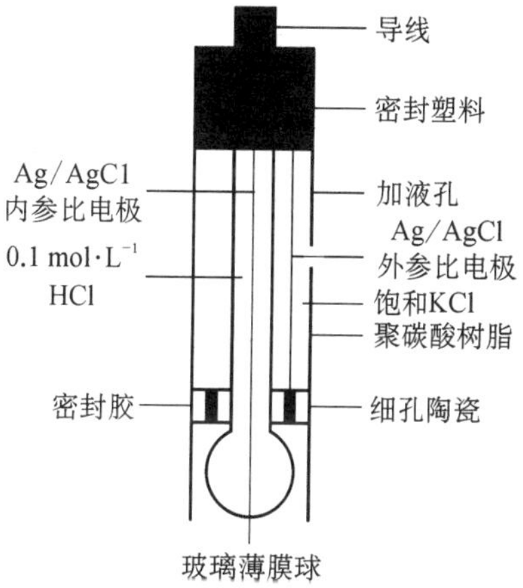

图 4 - 34　复合电极

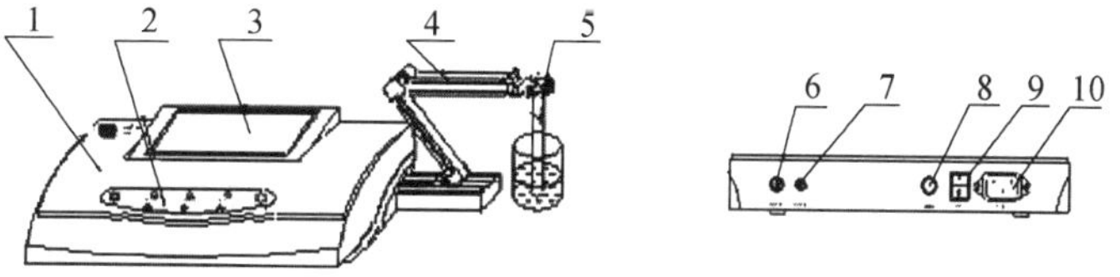

(a) 仪器正面图　　(b) 仪器后面板

1. 前面板　2. 键盘　3. 显示屏　4. 多功能电极架　5. 复合电极
6. 测量电极插孔　7. 参比电极插孔　8. 保险丝　9. 电源开关　10. 电源插座

图 4 - 35　pHS - 3C 型酸度计

视频：pH 计的使用

4.10.2　pH 的测定方法

(1) 开机前准备：安装好多功能电极架，将 pH 复合电极安装在电极架上，拔下复合电极下端的电极保护套，拉下上端的橡皮套使加液口外露(增加液体压力，加速电极响应)，用去离子水清洗电极。

(2) 打开仪器后面板的电源开关，将测量选择开关调到 pH 档，此时屏幕上显示 pH，预热 30 min。

(3) 用温度计测量被测溶液的温度,按“温度”键使仪器显示为溶液温度值,然后按“确认”键,仪器显示溶液温度后回到 pH 测量状态。

(4) 标定:仪器使用前要先标定。一般情况下仪器在连续使用时,每天要标定一次。

用“定位”进行一点标定,用“斜率”进行二点标定。常规的测量采用一点标定法,精确的测量采用二点标定法。标定步骤如下:

① 把斜率调节钮顺时针旋到底。将清洗过吸干水的复合电极放入 pH 为 6.86 的标准缓冲溶液中,使溶液淹没电极头部的玻璃球,轻轻摇动,待读数稳定后,按“定位”键,仪器显示“StdYES”字样,按“确认”键,仪器进入待标定状态,连续按“定位”键直到显示屏显示的 pH 为 6.86,再按“确认”键。

② 取出电极,洗净、吸干水后放入 pH 为 4.00 的标准缓冲溶液中,使溶液淹没电极头部的玻璃球,轻轻摇动,待读数稳定后,按“斜率”键,仪器显示“StdYES”字样,按“确认”键,仪器进入标定状态,连续按“斜率”键直到显示屏显示的 pH 为 4.00,再按“确认”键。

重复操作①和②,直到仪器显示的两标准溶液的测量值与标准 pH 相符为止。

标定时一般第一次用 pH 接近中性(pH=6.86)的缓冲溶液,第二次用接近被测溶液 pH 的缓冲溶液,如果被测溶液为酸性时,应选 pH=4.00 的缓冲溶液;如果被测溶液为碱性时,应选 pH=9.18 的缓冲溶液。标定好的仪器定位键和斜率键不应再去变动,这样,测定过程中无须再行标定。

(5) 测量 pH:用去离子水清洗电极头部,吸干。将电极浸入被测溶液中,溶液淹没玻璃球,在实验台面上小心摇动盛液器 2～3 min,静止溶液,待显示屏上显示的读数稳定后记录被测溶液的 pH。

如有多个溶液的 pH 需测定,则按由稀到浓(pH 由大到小)的顺序测定。

(6) 完成测试后,移走溶液,用去离子水冲洗电极,吸干,套上电极保护套,塞上加液口,关闭电源,结束实验。

4.10.3 mV 值测定方法

(1) 将铂电极和参比电极(或选择合适的两电极)的引出线分别插入相应的插座中,两电极夹在电极架上。

(2) 将测量选择开关调到 mV 档。

(3) 用去离子水清洗电极并吸干。

(4) 把两种电极插入待测溶液中,摇匀溶液,仪器显示的数值即是该电池的电动势 mV 值,还可自动显示正负极。

酸度计使用时的注意事项:

① 仪器的输入端(包括电极插孔与插头)必须保持干燥清洁。电极的引出端,必须保持干净和干燥,绝对防止短路。

② 复合电极不用时,要浸泡在电极浸泡液中。切忌用洗涤液或其他吸水性试剂浸

洗。使用前，检查玻璃电极前端的球泡。正常情况下，电极应该透明而无裂纹；球泡内要充满溶液，不能有气泡存在。使用时，将电极加液口上所套的橡胶套拉下，以保持电极内氯化钾溶液的液压差。

③ 在使用复合电极时，溶液一定要超过电极头部的陶瓷孔。电极插入溶液后要充分摇动(2～3 min)，待溶液静止后(2～3 min)再读数。

④ 用标准溶液标定时，首先要保证标准缓冲溶液的精度，否则将引起严重的测量误差。仪器标定好后，不能再动定位键和斜率键，否则必须重新标定。

附：缓冲溶液的配制及 pH 与温度的关系：

pH＝4.00 的缓冲溶液：用邻苯二甲酸氢钾(GR)10.12 g，溶于 1 000 mL 的高纯去离子水中。

pH＝6.86 的缓冲溶液：用磷酸二氢钾(GR)3.387 g、磷酸氢二钠(GR)3.533 g，溶于 1 000 mL 的高纯去离子水中。

pH＝9.18 的缓冲溶液：用四硼酸钠(GR)3.80 g，溶于 1 000 mL 的高纯去离子水中。

配制 pH 为 6.86 和 9.18 的缓冲溶液所用的水，应预先煮沸 15～30 min，除去溶解的 CO_2，在冷却过程中应避免与空气接触，以防止 CO_2 的污染。

表 4-5　不同温度下缓冲溶液的 pH

温度/℃	0.05 mol · kg^{-1} 邻苯二甲酸氢钾溶液	0.05 mol · kg^{-1} 混合磷酸盐溶液	0.05 mol · kg^{-1} 四硼酸钠溶液
5	4.00	6.95	9.39
10	4.00	6.92	9.33
15	4.00	6.90	9.28
20	4.00	6.88	9.23
25	4.00	6.86	9.18
30	4.01	6.85	9.14
35	4.02	6.84	9.11
40	4.03	6.84	9.07
45	4.04	6.84	9.04
50	4.06	6.83	9.03
55	4.07	6.83	8.99
60	4.09	6.84	8.97

4.11　分光光度计

分光光度计是通过测量物质对光的吸收程度，而进行定性、定量分析的仪器。

4.11.1 基本原理

白光通过棱镜或衍射光栅，会色散成不同波长的单色光。当一束平行的单色光通过有色溶液时，光的一部分被吸收，一部分透过溶液，一部分被器皿表面反射。光度分析都采用同样材质和相同厚度的比色皿盛装试液及参比溶液，反射光的影响基本一致，可相互抵消。

在光度分析中，将透射光强度 I_t 与入射光强度 I_0 之比称为溶液的透光率，用 T 表示：

$$T=\frac{I_t}{I_0}\times 100\%$$

透光率 T 与吸光度 A 之间的关系为 $A=-\lg T$。显然，溶液的透光率越小，说明它对光的吸收越多，吸光度越大。当 $T=100\%$ 时，$A=0$，表明入射光全部透过，吸收为零；而当 $T=0$ 时，$A=\infty$，表明入射光全部被吸收，无光透过。因此，透光率的取值范围为 $0\sim100\%$，对应的吸光度 A 为 $\infty\sim0$。

光度分析法的定量依据是朗伯-比耳定律，当一束平行的单色光垂直通过某一均匀非散射的吸光溶液时，吸光度 A 与液层的厚度 b 及溶液的浓度 c 成正比。其数学表达式：

$$A=\varepsilon bc$$

式中，A 为吸光度，b 为液层厚度（比色皿的厚度，单位为 cm），c 为吸光物质的浓度（单位为 $mol \cdot L^{-1}$），ε 为摩尔吸光系数。根据 A 与 c 的线性关系，通过测定标准溶液和试样溶液的吸光度，再用计算或作图的方法，即可求得试样中待测组分的浓度（含量）。

4.11.2 仪器构造

分光光度计的种类和型号繁多，但基本结构都相同，都是由光源、单色器、吸收池、检测器以及信号显示系统四大部件组成。

(1) 光源

提供稳定的、强度大的连续光。在可见光区一般采用钨灯或卤钨灯作为光源；在近紫外区测定时，常采用氢灯或氘灯。为了保持光源发光强度的稳定，要求电源电压十分稳定，因此光源前面装有稳压器。

(2) 单色光器

是将光源提供的混合光色散成单色光的装置。常用的色散元件有棱镜和光栅，现代分光光度计都采用光栅作为单色光器，光栅具有适用波长范围宽、色散均匀、分辨率高、构造简单等特点。

(3) 吸收池

吸收池又称比色皿，它是用于盛待测溶液和参比溶液的容器。光学玻璃比色皿用于可见分光光度法，紫外分光光度法则须用石英比色皿。使用时应保持比色皿的清洁、透明，透光能力应该一致，特别要注意透光面不要受磨损。透光面不能用手摸，若有溶液溢出皿外，只能用滤纸轻轻吸干，再用擦镜纸轻擦。每次用过后须洗净，切不可用毛刷刷洗。

(4) 检测显示系统

检测显示系统可将透过光转换成电信号，经放大和对数转换后以模拟或数字信号形式显示出吸光度值、透光率或浓度值。

可见分光光度计型号较多，如 72 型、721 型、722 型、723 型，这里介绍 7220 型可见分光光度计。

4.11.3　7220 型可见分光光度计及使用方法

视频：分光光度计的使用

7220 型分光光度计是较为常用的一种数字显示分光光度计。它以碘钨灯为光源，光栅为色散元件。可用波长范围是 330～800 nm，波长精度 2 nm，波长重现性为 0.5 nm，单色光带宽 6 nm，吸光度显示范围为 0～1.999，吸光度的精度为 0.004(A=0.5)，试样架可置四个吸收池。仪器外观及各部分名称见图 4-36。

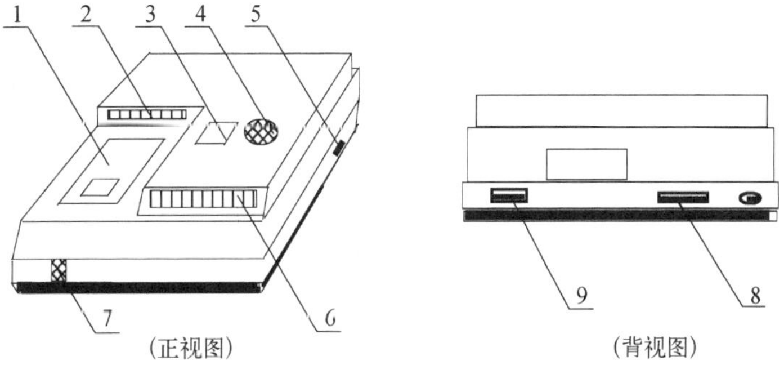

1. 样品室门　2. 显示窗　3. 波长显示窗　4. 波长调节旋钮　5. 仪器电源开关
6. 仪器操作键盘　7. 吸收池拉手　8. 打印机输出接口　9. 电源插座

图 4-36　7220 型分光光度计示意图

仪器操作键盘正面图(图 4-37)。

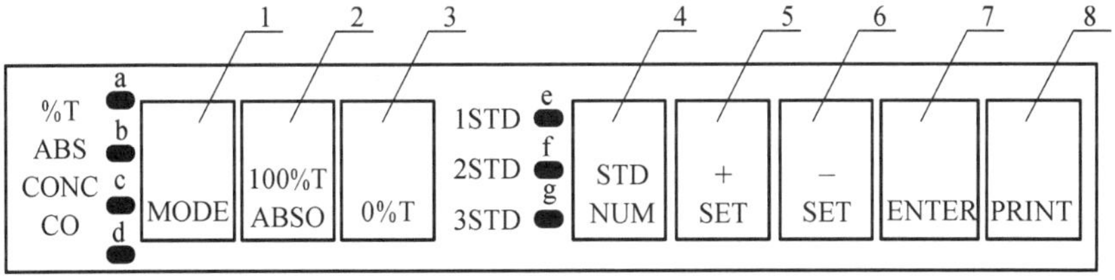

1. 工作方式选择键　2. 调 100 选择键　3. 调零选择键　4. 选标样点
5. 置数加　6. 置数减　7. 确认　8. 打印

图 4-37　仪器操作键盘示意图

仪器使用方法：

(1) 使用前，应检查仪器各部件是否正常。接通电源，预热 20 min。

(2) 转动波长调节旋钮(在波长显示窗上观察),选取所需波长。

(3) 按"MODE"键,调到 T 状态。将黑色挡光棒置于光路中,调 T 为 0%。

(4) 将参比溶液置于光路中,按"100%TABS 0"键,待显示屏显示 100.0 时,即表示已调好 T=100%。重复操作(3)和(4),使 0%和 100%稳定。

(5) 按"MODE"键,调到"ABS"状态,此时显示应为 0.000。拉动样品室拉手,依次将标准溶液和被测溶液送入光路,从显示窗口中读取相应的吸光度值并记录。

(6) 使用完毕,切断电源,关好样品室门,洗净比色皿。

4.11.4 注意事项

① 分光光度计属精密仪器,须放置在固定而且不受振动的仪器台上,不能随意搬动,严防振动,潮湿和强光直射。

② 比色皿的好坏对吸光度数值影响很大,要保持比色皿的清洁、干净和透明,透光能力应该一致。盛液量以达到比色皿容积 2/3 左右为宜。若不慎将溶液流到比色皿的外表面,则必须先用滤纸吸干,再用擦镜纸擦净。不可用手拿比色皿的光学面,禁止用毛刷等物摩擦比色皿的光滑面。

③ 仪器连续使用时间不应超过 2 h,以防光电系统疲劳。每次使用后需要间歇半小时以上才能再用。

基础实验篇

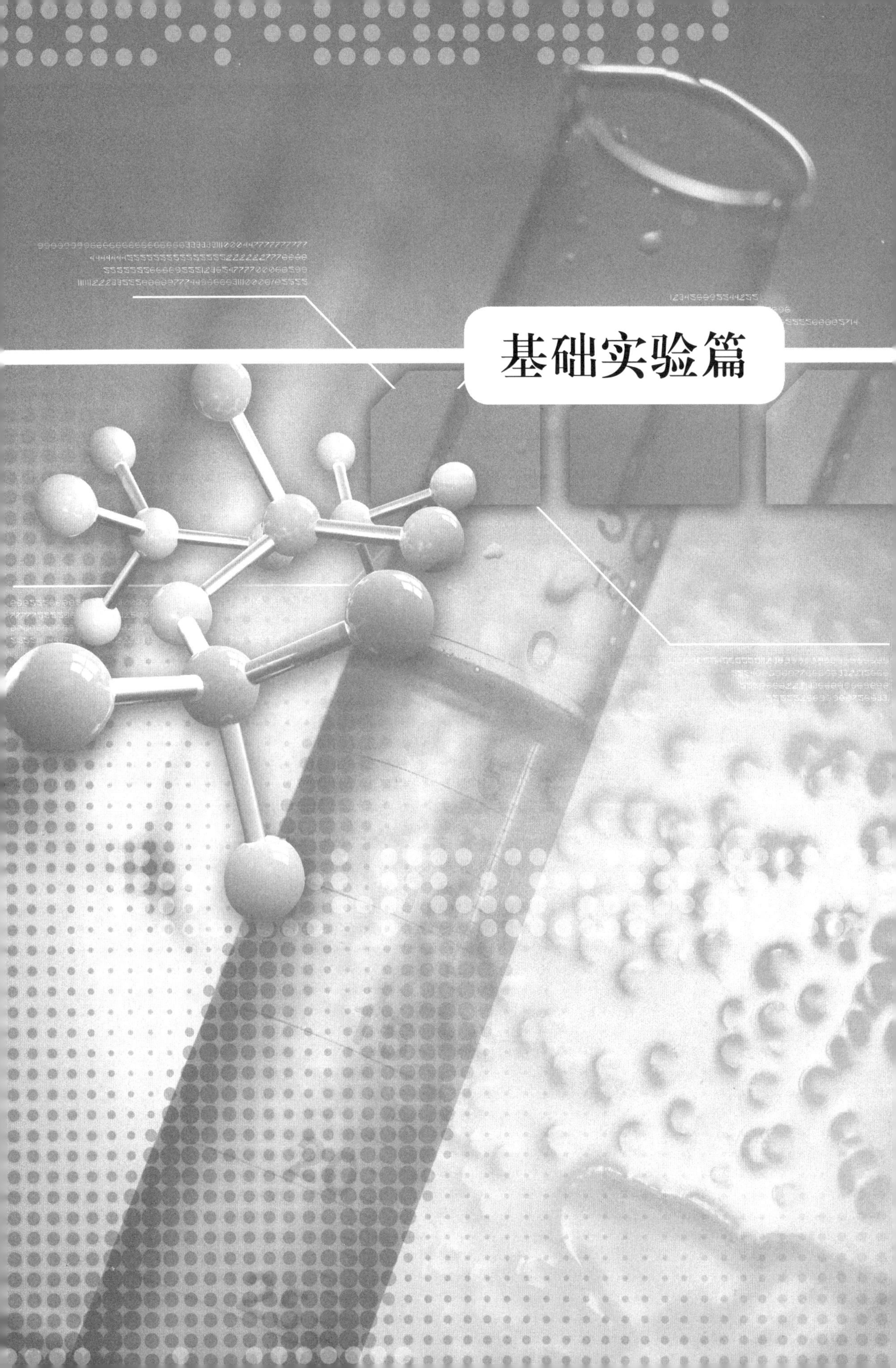

第5章 基础无机化学实验

实验5.1 酸碱解离平衡与沉淀—溶解平衡

一、实验目的

1. 掌握弱电解质的解离平衡及移动原理;掌握同离子效应的基本原理。

2. 掌握缓冲溶液的组成、性质及配制方法。

3. 掌握影响盐类水解的因素。

4. 掌握难溶电解质的沉淀—溶解平衡及溶度积规则的运用,了解沉淀生成、溶解、分步沉淀和沉淀转化的基本原理。

5. 练习溶液pH测定等基本操作。

二、实验原理

1. 测定酸碱溶液pH的方法

溶液中H_3O^+浓度(可简写为H^+)或OH^-浓度的大小反映了溶液酸碱性的强弱。溶液的酸度常用pH即H^+浓度的负对数表示:

$$pH = -\lg[c(H^+)/c^\ominus]$$

简写为

$$pH = -\lg\{c(H^+)\}$$

测定溶液pH的方法有:pH试纸法、酸碱指示剂法和pH计测定法。

2. 弱电解质的解离平衡及同离子效应

弱酸、弱碱等弱电解质(以弱酸HA为例)在水溶液中仅部分解离,它们的解离过程是可逆的,存在着分子与水合离子间的解离平衡。

$$HA + H_2O \rightleftharpoons H_3O^+ + A^-$$

简写为

$$HA \rightleftharpoons H^+ + A^-$$

解离常数为 $$K_a^\ominus(HA)=\frac{\{c(H^+)\}\{c(A^-)\}}{\{c(HA)\}}$$

在弱电解质溶液中，加入与其含有相同离子的另一强电解质，能使弱电解质的解离度显著降低，解离平衡向左移动，这种效应称为同离子效应。当加入不含相同离子的强电解质时，弱电解质的解离度稍有增大，这种效应称为盐效应。

3. 盐类的水解

盐类的水解是指组成盐的离子与水解离出的 H^+ 或 OH^- 离子作用，生成弱酸或弱碱的过程，盐类水解往往使盐溶液呈酸性或碱性。弱酸强碱盐如 NaAc 水解使溶液呈碱性；强酸弱碱盐如 NH_4Cl 水解使溶液呈酸性；弱酸弱碱盐溶液的酸碱性由组成盐的弱酸和弱碱的相对强度决定，例如 NH_4Ac 几乎呈中性，NH_4NO_2 呈酸性，$(NH_4)_2S$ 则呈碱性。盐类水解为可逆反应，影响盐类水解的因素有温度和浓度。水解反应为吸热反应，温度升高，有利于盐类的水解。稀释定律同样适用于盐类的水解，温度一定时，盐的浓度越小，水解程度越大。

4. 缓冲溶液

由弱酸及其共轭碱(如 HAc - NaAc、H_2CO_3 - $NaHCO_3$)、弱碱及其共轭酸(如 $NH_3 \cdot H_2O$ - NH_4Cl)或多元酸的酸式盐及其次级盐(NaH_2PO_4 - Na_2HPO_4)组成的混合溶液能够在一定程度上抵抗外加少量酸、碱或稀释，而本身 pH 不发生显著变化，这种溶液称为缓冲溶液，缓冲溶液的这种作用称缓冲作用。其 pH 计算公式为：

$$pH=pK_a^\ominus-\lg\frac{c(\text{弱酸})}{c(\text{共轭碱})} \quad \text{或} \quad pH=pK_a^\ominus-\lg\frac{n(\text{弱酸})}{n(\text{共轭碱})}$$

$$pOH=pK_b^\ominus-\lg\frac{c(\text{弱碱})}{c(\text{共轭酸})}$$

从上式可看出，当 c(弱酸)$=c$(共轭碱)时，pH= $pK_a^\ominus$，因此配制一定 pH 的缓冲溶液时，可选其 $pK_a^\ominus$ 与 pH 相近的弱酸及其共轭碱。

5. 沉淀—溶解平衡

在难溶电解质(以 A_mB_n 为例)的饱和水溶液中，未溶解的固体与溶解后形成的离子之间存在着平衡：

$$A_mB_n(s) \rightleftharpoons mA^{n+}+nB^{m-}$$

$$K_{sp}^\ominus(A_mB_n)=\{c(A^{n+})\}^m\{c(B^{m-})\}^n$$

根据溶度积原理，可以判断沉淀的生成或溶解。

当 $Q< K_{sp}^\ominus$ 时，溶液为不饱和溶液，无沉淀析出。

当 $Q= K_{sp}^\ominus$ 时，溶液为饱和溶液，反应达到沉淀溶解平衡。

当 $Q> K_{sp}^\ominus$ 时，溶液为过饱和溶液，有沉淀析出，直至 $Q= K_{sp}^\ominus$。

溶液中若同时存在两种或两种以上可与某沉淀剂反应的离子，当加入这种沉淀剂时，存在沉淀先后顺序的问题，这种先后沉淀的现象称为分步沉淀。一般情况下，被沉淀离子浓度相近时，同类型的难溶电解质，溶度积小的先沉淀，溶度积大的后沉淀；不同类型的难溶电解质，溶解度小的先沉淀，溶解度大的后沉淀。总之，需要沉淀剂量少的先沉淀。

要使难溶电解质的沉淀溶解，可以通过加入某种试剂，与沉淀中的阳离子或者阴离子发生化学反应，从而降低该离子浓度，使 $Q < K_{sp}^{\ominus}$，沉淀溶解。常用的沉淀溶解方法有：酸溶解、氧化还原溶解和配位溶解。

一种难溶电解质转化为另一种难溶电解质的过程称为沉淀的转化。沉淀能否发生转化及转化的完全程度，取决于沉淀的类型、沉淀的溶度积大小及试剂浓度。对同类型的难溶电解质可以根据溶度积大小判断，对不同类型的难溶电解质，需通过计算判断，总体来说，转化方向是溶解度大的向溶解度小的转化。

三、仪器和试剂

仪器：试管，试管架，试管夹，点滴板，玻璃棒，小量筒，烧杯，酒精灯。

试剂及用品：HCl(0.1 mol·L^{-1}、2 mol·L^{-1}、6 mol·L^{-1})，HAc(0.1 mol·L^{-1})，NaOH(0.1 mol·L^{-1})，$NH_3 \cdot H_2O$(0.1 mol·L^{-1}、2 mol·L^{-1}、6 mol·L^{-1})，NaAc(0.1 mol·L^{-1}，固体)，NH_4Cl(0.1 mol·L^{-1}，固体)，NH_4Ac(0.1 mol·L^{-1})，$BiCl_3$(1 mol·L^{-1})，Na_2CO_3(0.1 mol·L^{-1})，$MgCl_2$(0.1 mol·L^{-1})，$CuSO_4$(0.1 mol·L^{-1})，Na_2S(0.1 mol·L^{-1})，HNO_3(2 mol·L^{-1})，NaCl(0.1 mol·L^{-1}、0.5 mol·L^{-1})，$AgNO_3$(0.1 mol·L^{-1})，K_2CrO_4(0.1 mol·L^{-1})，$Pb(Ac)_2$(0.01 mol·L^{-1})，KI(0.02 mol·L^{-1})，$NaNO_3$(固体)，$Pb(NO_3)_2$(0.1 mol·L^{-1})，甲基橙，酚酞，pH 试纸。

四、实验内容与步骤

1. 溶液 pH 的测定

取八小块 pH 试纸分置于点滴板的凹穴中，依次滴加一滴浓度为 0.1 mol·L^{-1}下列溶液：HCl、NaOH、HAc、$NH_3 \cdot H_2O$、NH_4Cl、NaAc、NH_4Ac、Na_2CO_3，观察 pH 试纸的颜色，与标准比色阶做比较，并计算理论值。

试　剂	HCl	NaOH	HAc	$NH_3 \cdot H_2O$	NH_4Cl	NaAc	NH_4Ac	Na_2CO_3
pH(测定)								
pH(理论计算)								

2. 同离子效应

(1) 在一支试管中加入 1 mL 0.1 mol·L^{-1} HAc 溶液和一滴甲基橙指示剂，混合均匀，观察溶液的颜色。再加入少量 NaAc 固体，摇动试管使其溶解，观察溶液颜色的变化。

说明其原因。

(2) 在一支试管中加入 1 mL 0.1 mol・L^{-1} NH_3・H_2O 溶液和一滴酚酞指示剂，混合均匀，观察溶液的颜色。再加入少量固体 NH_4Cl，摇动试管使其溶解，观察溶液颜色的变化。说明其原因。

3. 影响盐类的水解的因素

(1) 在一支试管中加入 2 mL 0.1 mol・L^{-1} NaAc 溶液和一滴酚酞指示剂，观察溶液的颜色。将溶液加热至沸腾，观察溶液颜色变化，解释原因。

(2) 在一支试管中加入 2 mL 去离子水，再滴加一滴 1 mol・L^{-1} $BiCl_3$ 溶液，观察实验现象。然后在试管中加入 6 mol・L^{-1} HCl 至溶液变清，再加水稀释，又有什么现象？解释之。

4. 缓冲溶液的配制和性质

(1) 在一只小烧杯中加入 5 mL 0.1 mol・L^{-1} HAc 和 5 mL 0.1 mol・L^{-1} NaAc 溶液，摇匀后用 pH 试纸测定其 pH。将此溶液均分于两支试管中，在其中一支试管中加入两滴 0.1 mol・L^{-1} HCl；另一支试管中加入两滴 0.1 mol・L^{-1} NaOH 溶液，摇匀后用 pH 试纸分别测定其 pH，观察其 pH 是否有变化？解释原因。

(2) 先测定去离子水的 pH，再取两支试管中各加入 5 mL 去离子水，在其中一支试管中加入两滴 0.1 mol・L^{-1} HCl，摇匀后测定其 pH；在另一支试管中加入两滴 0.1 mol・L^{-1} NaOH 溶液，摇匀后测定其 pH，比较 pH 并解释原因。

比较缓冲溶液与去离子水两组实验结果，说明缓冲溶液的缓冲作用。

5. 沉淀的生成和溶解

(1) 在两支试管中分别加入 1 mL 0.1 mol・L^{-1} $MgCl_2$ 溶液，再逐滴滴加 6 mol・L^{-1} NH_3・H_2O，直至有白色 $Mg(OH)_2$ 沉淀生成，其中一支试管中加入数滴 6 mol・L^{-1} HCl；另一支试管中加入少量 NH_4Cl 固体，摇匀后，观察两支试管中原有沉淀是否溶解，解释实验现象并写出化学反应方程式。

(2) 在两支试管中分别加入 5 滴 0.1 mol・L^{-1} $CuSO_4$ 溶液，再逐滴滴加 0.1 mol・L^{-1} Na_2S 溶液至有沉淀生成，然后在一支试管中滴加 2 mol・L^{-1} HNO_3 直至沉淀溶解，另一支试管中滴加 2 mol・L^{-1} HCl，观察实验现象并解释原因，写出化学反应方程式。

(3) 在一支试管中加入 5 滴 0.1 mol・L^{-1} NaCl 溶液，逐滴加入 0.1 mol・L^{-1} $AgNO_3$ 溶液至有白色沉淀生成，然后在沉淀中滴加 2 mol・L^{-1} NH_3・H_2O 直至沉淀溶解，解释实验现象并写出化学反应方程式。

(4) 在一支试管中加入 5 滴 0.01 mol・L^{-1} $Pb(Ac)_2$ 溶液和 0.02 mol・L^{-1} KI 溶液，震荡试管，观察实验现象，然后在沉淀中加入少量固体 $NaNO_3$ 并震荡试管直至沉淀溶解，解释实验。

6. 分步沉淀和沉淀的转化

(1) 在一支试管中加入 2 滴 0.1 mol・L^{-1} NaCl 溶液和 2 滴 0.1 mol・L^{-1} K_2CrO_4 溶

液，然后逐滴加入 0.1 mol・L^{-1} $AgNO_3$溶液，观察生成沉淀的颜色变化，解释实验现象并写出化学反应方程式。

(2) 在一支试管中加入 5 滴 0.1 mol・L^{-1} $Pb(NO_3)_2$，再加入 10 滴 0.5 mol・L^{-1} NaCl 溶液，有白色沉淀生成，在沉淀中滴加数滴 0.1 mol・L^{-1} Na_2S 溶液，观察沉淀的颜色变化，解释实验现象并写出化学反应方程式。

五、注意事项

1. 往试管中滴加试剂时不可将胶头滴管伸入试管内。
2. 试剂用量按书中要求加，不可多加，否则有些实验现象会看不到。

六、思考题

1. 使用 pH 试纸测溶液的 pH 时，怎样才是正确的操作方法？
2. 以下说法是否正确？请说明原因。

(1) 用 NaOH 溶液分别中和等体积的 pH 相同的 HCl 溶液和 HAc 溶液，消耗的 NaOH 的物质的量相同。

(2) 如果在缓冲溶液中加入大量的强酸或强碱，其 pH 也能够保持基本不变。

(3) 如果要配制 pH＝9.0 左右的缓冲溶液，可选择 NH_3-NH_4Cl 作为缓冲对。

(4) 沉淀的转化方向是由溶解度大的转化为溶解度小的。

实验 5.2　胶体与吸附

一、实验目的

1. 了解胶体的制备、聚沉的方法及胶体的性质。
2. 加深理解固体在溶液中的吸附作用。

二、实验原理

胶体是直径为 1～100 nm 的分散质粒子分散在分散剂中形成的体系，包括溶胶和高分子溶液。溶胶的分散质粒子是由许多固体小分子组成的聚集体，难溶于液体分散剂但高度分散在分散剂中，为多相体系，如氢氧化铁溶胶、硫化砷溶胶、碘化银溶胶、金溶胶等。高分子溶液中，分散质粒子是单个的高分子，与分散剂的亲和力强，故高分子溶液是高度分散、稳定的单相系统。

通常制备溶胶有两种方法：一是把直径在 1 nm 以下的粒子由小到大的凝聚法，即将真溶液通过化学反应或改变介质使单个分子或离子聚集成较大的胶体粒子，实验室常用此法制备溶胶；二是把直径在 100 nm 以上的粒子由大到小的分散法，即用适当的手段将大颗粒分散质在稳定剂存在的情况下分细至胶粒大小而成溶胶，主要有研磨法、气体粉碎法、超声波分散法和胶溶法。

溶胶具有三大特性：光学性质（丁铎尔效应）、动力学性质（布朗运动）和电学性质（电泳和电渗），其中常用丁铎尔效应来区别溶胶与真溶液，用电泳来验证胶粒所带的电性。

胶团的扩散双电层结构及溶剂化膜是溶胶稳定的原因。若溶胶中加入电解质、加热或加入带相反电荷的溶胶都会破坏胶团的双电层结构及溶剂化膜，导致溶胶聚沉。加入电解质，反离子中和了胶粒的电荷，使胶粒失去了带电的保护作用，同时电解质也会夺取胶粒表面溶剂化膜中的溶剂分子，破坏胶粒的溶剂化膜，从而使溶胶聚沉。加热会使粒子运动加剧，增加了胶粒相互碰撞的机会，同时也降低了胶核对电位离子的吸附能力，减少了胶粒所带的电荷，大大增加了碰撞聚结的可能性。两种带相反电荷的溶胶以适当比例混合，电荷相互中和而彼此聚沉。在溶胶中加入高分子化合物，能降低溶胶对电解质的敏感性，提高溶胶的稳定性，因此高分子化合物对溶胶有保护作用。

一种物质自动聚集到另一种物质表面上的过程称为吸附。固体在溶液中的吸附可以是分子吸附，也可以离子吸附。溶胶是高度分散的多相系统，溶胶粒子具有很大的表面积，因而具有很大的表面能，表现出强烈的吸附作用。

三、仪器和试剂

仪器：台秤，试管，试管架，100 mL 烧杯，具塞试管（1 支），量筒（10 mL），酒精灯，三脚架，石棉网，小漏斗，脱脂棉，U 形电泳仪。

试剂：硫酒精饱和溶液，$FeCl_3$（2%，0.01 mol·L^{-1}），酒石酸锑钾（0.5%），饱和 H_2S，KNO_3（0.1 mol·L^{-1}），NaCl（2 mol·L^{-1}，0.02 mol·L^{-1}），K_2SO_4（0.01 mol·L^{-1}），$K_3[Fe(CN)_6]$（0.01 mol·L^{-1}），白明胶（0.1%），品红溶液（0.01%），活性炭，酒精（95%），饱和 $(NH_4)_2C_2O_4$，土壤，菜油，肥皂水。

四、实验内容与步骤

1. 溶胶的制备（保留本实验所制备的溶胶供下面实验用）

(1) 改变溶剂法制备硫溶胶　在盛有 4 mL 去离子水的试管中，加入 10 滴硫酒精饱和溶液，边滴加边震荡试管，观察硫溶胶的颜色。

(2) 水解反应制备 $Fe(OH)_3$ 溶胶　100 mL 烧杯中加 50 mL 去离子水，加热至沸，逐滴加入 8 mL 2%的 $FeCl_3$ 溶液并不断搅拌。继续煮沸 1～2 min，观察所得溶胶的颜色。写出 $Fe(OH)_3$ 胶团结构。

(3) 复分解反应制备 Sb_2S_3 溶胶　在小烧杯中加入 20 mL 0.5%的酒石酸锑钾溶液，逐滴加入饱和 H_2S 溶液（在通风橱中进行），并不断搅拌，直到溶液变为橙红色。写出 Sb_2S_3 胶团结构。

2. 溶胶的性质

(1) 溶胶的光学性质——丁铎尔效应 取少量前面自制的S溶胶和$Fe(OH)_3$溶胶，分别装入试管中，放入观察丁铎尔效应的暗箱中，用灯光照射，在与光线垂直的方向观察丁铎尔效应，解释现象。

(2) 溶胶的电学性质——电泳(演示) 取一个U形电泳仪，加入6～7 mL去离子水，滴加4滴0.1 mol·L^{-1} KNO_3溶液，然后缓缓注入自制的$Fe(OH)_3$溶胶，插入碳棒作电极，接通直流电源，电压调至30～40 V，20 min后观察实验现象并解释之。

3. 溶胶的聚沉和保护

(1) 电解质对溶胶的聚沉

取三支试管，各加入2 mL自制的$Fe(OH)_3$溶胶，分别滴加2 mol·L^{-1} NaCl溶液、0.01 mol·L^{-1} K_2SO_4溶液、0.01 mol·L^{-1} $K_3[Fe(CN)_6]$溶液，边滴加边震荡观察，直到出现聚沉现象，记下滴加三种电解质所需的滴数，比较三种电解质的聚沉能力。

(2) 加热对溶胶的聚沉

在试管中加入2 mL自制的Sb_2S_3溶胶，加热至沸，观察实验现象并解释之。

(3) 两种相反电荷的溶胶相互聚沉

在一支试管中加入1 mL Sb_2S_3溶胶和1 mL $Fe(OH)_3$溶胶，震荡试管，观察实验现象并解释之。

(4) 高分子溶液对溶胶的保护作用

取两支试管，各加入2 mL $Fe(OH)_3$溶胶和10滴0.1%的白明胶，震荡试管，然后分别滴加0.01 mol·L^{-1} K_2SO_4溶液和0.01 mol·L^{-1} $K_3[Fe(CN)_6]$溶液，记录聚沉溶胶所需电解质的量，与3.(1)实验进行比较，解释现象。

4. 吸附与交换

(1) 在一支试管中加5 mL 0.01%的品红溶液，再加入少许活性炭，充分震荡试管，过滤，滤液承接在另一试管中，观察滤液的颜色。往活性炭中加入3 mL 95%酒精冲洗，冲洗液滤至一支干净小试管中，观察酒精冲洗液的颜色，解释现象。

(2) 在两个100 mL烧杯中，各称取土壤0.5 g，一份加入5 mL 0.02 mol·L^{-1}的NaCl溶液，另一份加入5 mL 0.01 mol·L^{-1}的$FeCl_3$溶液，用玻璃棒搅拌3～5 min，使土与溶液充分混匀。静置片刻，使土沉下再过滤，滤液承接于两支试管中，各加入2～4滴饱和$(NH_4)_2C_2O_4$溶液，观察哪支试管生成的沉淀较多。从实验结果判断土壤中被交换出来的Ca^{2+}的多少，比较Na^+和Fe^{3+}的交换能力。

5. 乳浊液的制备

在一支具塞试管中，加入2滴菜油，再加2 mL去离子水，塞好塞子用力摇匀。摇动停止后，观察试管中油水是否分层。接着在试管中加入2 mL肥皂水，塞好塞子用力摇匀。摇动停止后，观察试管中油水是否分层。解释原因。

五、注意事项

1. 制备 $Fe(OH)_3$溶胶时要控制好水量和加热时间，并注意搅拌。
2. 进行离子交换实验时一定保证充分搅拌。

六、思考题

1. 由 $FeCl_3$制备 $Fe(OH)_3$溶胶时，为什么要加热？加热时间能否太长？为什么？
2. 吸附和离子交换有什么差别？

实验 5.3　配位化合物的生成和性质

一、实验目的

1. 了解配合物的生成及配离子的相对稳定性。
2. 掌握配位平衡与酸碱平衡、沉淀—溶解平衡、氧化还原平衡之间的关系。

二、实验原理

配合物的组成一般可分为内界和外界两个部分。中心离子和配位体组成配合物的内界（一般为配离子或分子）；配合物中除中心离子和配位体以外的部分为外界。中心离子与配位体之间以配位键结合，内外界之间以离子键结合。当简单离子（或化合物）形成配离子（或配合物）后，某些性质会发生改变，如颜色、溶解度、氧化还原性质等。

与弱电解质一样，配离子在溶液中同时存在着配位解离平衡，如：

$$Cu^{2+} + 4NH_3 \rightleftharpoons [Cu(NH_3)_4]^{2+}$$

$$K_f^{\ominus} = \frac{\{c[Cu(NH_3)_4^{2+}]\}}{\{c(Cu^{2+})\}\{c(NH_3)\}^4}$$

$K_f^{\ominus}$ 称为稳定常数，不同的配离子具有不同的稳定常数，对于同种类型的配离子，$K_f^{\ominus}$ 值愈大，表示配离子愈稳定。

根据平衡移动原理，改变中心离子或配位体的浓度会使配位平衡发生移动，配位平衡与溶液的 pH、沉淀反应、氧化还原反应等都有密切的联系。

螯合物又叫内配合物，它是由中心离子与多基配位体配位而成的具有环状结构的配合物。螯合物的稳定性高，是目前应用最广泛的一类配合物。螯合物的环上有几个原子就称为几元环，一般五元环或六元环的螯合物是比较稳定的。

三、仪器和试剂

仪器：试管，试管架，玻棒，滴管，洗瓶。

试剂：$AgNO_3$（0.1 mol・L^{-1}），NaCl（0.1 mol・L^{-1}），NH_3・H_2O（2 mol・L^{-1}，6 mol・L^{-1}），$CuSO_4$（0.2 mol・L^{-1}），$BaCl_2$（0.1 mol・L^{-1}），NaOH（0.1 mol・L^{-1}，6 mol・L^{-1}），Na_2S（0.1 mol・L^{-1}），$FeCl_3$（0.1 mol・L^{-1}），NH_4SCN（0.1 mol・L^{-1}），$K_3[Fe(CN)_6]$（0.1 mol・L^{-1}），H_2SO_4（1 mol・L^{-1}），$(NH_4)_2C_2O_4$（饱和），KBr（0.1 mol・L^{-1}），$Na_2S_2O_3$（0.1 mol・L^{-1}），KI（0.1 mol・L^{-1}），CCl_4，NH_4F（0.1 mol・L^{-1}），无水乙醇，磺基水杨酸（0.03 mol・L^{-1}），EDTA（0.1 mol・L^{-1}），$NiCl_2$（0.1 mol・L^{-1}），丁二酮肟（1%）。

四、实验内容与步骤

1. 配离子的生成与性质

(1) 在一支试管中加入 5 滴 0.1 mol・L^{-1} $AgNO_3$溶液，再加入 1 滴 0.1 mol・L^{-1} NaCl 溶液，观察有无沉淀生成，然后加入过量的 2 mol・L^{-1} NH_3・H_2O 溶液，观察有何变化，解释原因，写出反应方程式。

(2) 在一支试管中加入 10 滴 0.2 mol・L^{-1} $CuSO_4$溶液，再加入 1 滴 2 mol・L^{-1} NH_3・H_2O 溶液，观察有无沉淀生成，继续滴加 2 mol・L^{-1} NH_3・H_2O 溶液至沉淀溶解生成深蓝色溶液，写出反应方程式。

在上述试管中多加一些 2 mol・L^{-1} NH_3・H_2O，摇匀后将溶液分成三份。第一份中加入 10 滴无水乙醇，观察实验现象；第二份加入 0.1 mol・L^{-1} $BaCl_2$溶液，观察实验现象；第三份中加入 0.1 mol・L^{-1} NaOH 溶液，观察沉淀情况，再加入 0.1 mol・L^{-1} Na_2S 溶液，观察有无沉淀，解释原因，写出反应方程式。

2. 简单离子与配离子的区别

在试管中加入 2 滴 0.1 mol・L^{-1} $FeCl_3$溶液，5 滴 0.1 mol・L^{-1} NH_4SCN 溶液，观察现象，写出反应方程式。

以 0.1 mol・L^{-1} $K_3[Fe(CN)_6]$溶液代替 $FeCl_3$做同样的实验，观察现象有何不同，并解释之。

3. 配位平衡与酸碱平衡

(1) 往有 10 滴 0.2 mol・L^{-1} $CuSO_4$溶液的试管中逐滴滴加 2 mol・L^{-1} NH_3・H_2O 溶液，边滴加边震荡直至生成的沉淀溶解成深蓝色溶液。往上述溶液中逐滴加入 1 mol・L^{-1} H_2SO_4，溶液的颜色有什么变化？继续加入直至溶液显酸性，又有什么变化，写出铜氨配离子生成和解离的方程式。

(2) 往有 5 滴 0.1 mol·L^{-1} $FeCl_3$溶液中滴加 10 滴饱和$(NH_4)_2C_2O_4$溶液，观察溶液颜色变化；再滴加 0.1 mol·L^{-1} NH_4SCN 溶液 5 滴，观察现象；继续滴加 1 mol·L^{-1} H_2SO_4，观察实验现象并解释之。写出有关反应方程式。

4. 配位平衡与沉淀—溶解平衡

在两支试管中各加入 2 滴 0.1 mol·L^{-1} $AgNO_3$溶液和 2 滴 0.1 mol·L^{-1} KBr 溶液，观察浅黄色 AgBr 沉淀的生成，然后在一支试管中加入少量 0.1 mol·L^{-1} $Na_2S_2O_3$溶液，观察沉淀是否溶解。在另一支试管中加入 2 mol·L^{-1}氨水，观察沉淀是否溶解。解释实验现象。

5. 配位平衡与氧化还原平衡

在试管中加入 2 滴 0.1 mol·L^{-1} $FeCl_3$溶液，加 5 滴 0.1 mol·L^{-1} KI 溶液，然后加入 5～6 滴 CCl_4振荡后观察 CCl_4层的颜色，写出反应式。

以 0.1 mol·L^{-1} $K_3[Fe(CN)_6]$溶液代替 $FeCl_3$溶液，做同样的实验，观察现象，比较二者有何不同，并解释之。

6. 配离子稳定性的比较(配离子的转化)

在试管中加入 2 滴 0.1 mol·L^{-1} $FeCl_3$溶液，再加几滴 0.1 mol·L^{-1} NH_4SCN 溶液，观察现象，然后加入少量 0.1 mol·L^{-1} NH_4F 溶液至红色消失，最后往试管中滴加几滴饱和$(NH_4)_2C_2O_4$溶液，溶液颜色又有什么变化？从溶液颜色的变化，比较这三种 Fe(Ⅲ)配离子的稳定性，说明配离子之间相互转化的条件。写出反应方程式。

7. 螯合物的生成

(1) 在几乎无色的 0.01 mol·L^{-1} $FeCl_3$溶液(1 滴 0.1 mol·L^{-1} $FeCl_3$＋9 滴 H_2O)中，加入 2 滴 0.03 mol·L^{-1}磺基水杨酸溶液后，观察溶液的颜色。然后再加入 2 滴 0.1 mol·L^{-1}EDTA 溶液，观察溶液的颜色，解释之。

(2) 在试管中加 5 滴 0.1 mol·L^{-1} $NiCl_2$溶液及 1 滴 6 mol·L^{-1} $NH_3 \cdot H_2O$ 使溶液呈碱性，然后加入 2 滴 1%丁二酮肟溶液，观察现象，解释之。

五、注意事项

制备配合物时，配体要逐滴加入，否则过量的话看不到中间产物沉淀的生成。

六、思考题

1. KSCN 溶液检查不出 $K_3[Fe(C_2O_4)_3]$溶液中的 Fe^{3+}，是否表明溶液中无游离的

Fe^{3+}存在？

2. 配离子与简单离子有什么差别？如何用实验证明？

3. 有哪些方法可使$[Fe(SCN)_6]^{3-}$红色褪去？

实验 5.4　氧化还原反应与电化学

一、实验目的

1. 学习装配原电池及测量原电池电动势的方法。

2. 学习氧化性和还原性的相对性。

3. 掌握电极电势与氧化还原反应的关系，掌握电对物质的浓度、介质的酸碱性对电极电势、氧化还原反应方向、产物的影响。

二、实验原理

1. 电极电势与氧化还原性

氧化剂和还原剂的强弱，可由电对的电极电势来衡量。标准状态下，$\varphi^{\ominus}$ 大的电对对应的氧化型物质的氧化能力强；$\varphi^{\ominus}$ 越大，氧化型的氧化能力越强。$\varphi^{\ominus}$ 小的电对对应的还原型物质还原能力强，$\varphi^{\ominus}$ 越小，还原型的还原能力越强。如标准状态下：

$$\varphi^{\ominus}(I_2/I^-)=0.535\ V,\ \varphi^{\ominus}(Fe^{3+}/Fe^{2+})=0.769\ V,\ \varphi^{\ominus}(Br_2/Br^-)=1.077\ V$$

氧化剂氧化能力由强到弱的顺序是：　　$Br_2 > Fe^{3+} > I_2$

还原剂还原能力由强到弱的顺序是：　　$I^- > Fe^{2+} > Br^-$

2. 氧化性和还原性的相对性

一种元素有多种氧化态时，氧化态居中的物质（如 H_2O_2）一般既可作氧化剂，又可作还原剂。

3. 浓度对电极电势和氧化还原反应方向的影响

原电池是将化学能转变为电能的装置。原电池的电动势可以表示为正极与负极的电极电势之差：

$$E=\varphi_{(+)}-\varphi_{(-)}$$

电动势可以用电位计测量。在铜锌原电池中，改变 Cu^{2+}、Zn^{2+} 的浓度可以使电对的电极电势发生改变，从而改变电动势。

水溶液中自发进行的氧化还原反应，氧化剂电对的电极电势值应大于还原剂电对的电极电势值。即热力学标态下氧化还原反应自发进行的条件是：

$$E^{\ominus}=\varphi^{\ominus}_{(+)}-\varphi^{\ominus}_{(-)}>0$$

从前面电对的电极电势可以看出，$FeCl_3$能与 KI 反应析出 I_2，而不能与 KBr 反应。

增大电对中氧化型物质的浓度或减小还原型物质的浓度时，电极电势升高，氧化型物质在水溶液中的氧化能力增强，还原型物质的还原能力减弱；反之，减小氧化型物质的浓度或增大还原型物质的浓度时，电极电势降低，还原型物质的还原能力增强，氧化型物质的氧化能力减弱。

生成沉淀或配合物可使离子浓度大大降低，从而使电极电势值发生大幅度改变，甚至可能导致氧化还原反应方向的改变。

$\varphi^{\ominus}(Cu^{2+}/Cu^{+})=0.161V$，$\varphi^{\ominus}(I_2/I^{-})=0.535\ V$，从电极电势数值来看，标准状态下 $CuSO_4$似乎不能与 KI 反应，实际上由于 Cu^{+}与 I^{-}生成 CuI 沉淀，使 $\varphi(Cu^{2+}/Cu^{+})$升高，Cu^{2+}的氧化能力大大增强，实际上此时已经组成了一个新的电对 Cu^{2+}/CuI，$\varphi^{\ominus}(Cu^{2+}/CuI)=0.857V$，使 $CuSO_4$与 KI 反应能顺利进行：

$$2Cu^{2+}+4I^{-}=\!=\!=2CuI+I_2$$

4. 介质酸碱性对氧化还原反应的影响

(1) 介质酸碱性对氧化还原反应产物的影响

高锰酸钾在酸性、中性和强碱性介质中分别被还原为无色的 Mn^{2+}、棕色的 MnO_2沉淀、绿色的 MnO_4^{2-}，说明介质酸度对氧化还原反应产物有影响。

(2) 介质酸碱性对氧化还原反应方向的影响

有 H^{+}或 OH^{-}参加的电极反应，pH 的改变会引起电对的电极电势发生变化。当氧化还原反应的电动势不是很大时，介质的酸碱性甚至会使氧化还原反应的方向发生改变。

介质的酸碱性还可影响氧化还原反应的速度。

三、仪器和试剂

仪器：试管，量筒，烧杯，铜电极，锌电极，pHS-3C 型酸度计，盐桥，导线若干。

试剂：KI(0.1 mol·L^{-1})，$FeCl_3$(0.1 mol·L^{-1})，CCl_4，KBr(0.1 mol·L^{-1})，$KMnO_4$(0.05 mol·L^{-1}、0.1 mol·L^{-1})，H_2SO_4(2 mol·L^{-1})，H_2O_2(3%)，$CuSO_4$(0.1 mol·L^{-1}，1 mol·L^{-1})，NaOH(2 mol·L^{-1}、6 mol·L^{-1})，Na_2SO_3(0.2 mol·L^{-1})，KIO_3(0.1 mol·L^{-1})，$ZnSO_4$(1 mol·L^{-1})，$NH_3\cdot H_2O$(浓)，HAc(2 mol·L^{-1})，$SnCl_2$(0.2 mol·L^{-1})，KSCN(0.1 mol·L^{-1})。

四、实验内容步骤

动画:原电池

1. 电极电势与氧化还原反应

在一支试管中加入 10 滴 0.1 mol·L^{-1} KI 溶液与 2 滴 0.1 mol·L^{-1} $FeCl_3$溶液，混匀，加入 10 滴 CCl_4，充分振荡，观察 CCl_4层颜色有什么变化？写出反应方程式。

用 0.1 mol·L^{-1} KBr 溶液代替 0.1 mol·L^{-1} KI 溶液进行同样的实验，观察 CCl_4层颜色有什么变化？

根据以上实验结果定性判断 I_2/I^-、Fe^{3+}/Fe^{2+}、Br_2/Br^-三个电对电极电势的相对大小，判断哪个是最强的氧化剂，哪个是最强的还原剂。

2. 氧化性和还原性的相对性

(1) 在一支试管中加入 3 滴 0.05 mol·L^{-1} $KMnO_4$溶液、10 滴 2 mo·L^{-1} H_2SO_4溶液，然后逐滴滴加 3%的 H_2O_2溶液直至紫色退去，写出反应方程式。

(2) 在一支试管中加入 10 滴 0.1 mol·L^{-1} KI、6 滴 CCl_4，然后逐滴滴加 3%的 H_2O_2溶液并不断震荡试管，直至 CCl_4层有紫红色出现，写出反应方程式。

上述哪个实验中 H_2O_2显氧化性？哪个实验中 H_2O_2显还原性？

3. 浓度对电极电势的影响

按图 5-1 装置原电池。往一个 50 mL 烧杯中加入约 15 mL 1 mol·L^{-1} $ZnSO_4$溶液，另一个 50 mL 烧杯中加入约 15 mL 1 mol·L^{-1} $CuSO_4$溶液，分别将锌电极和铜电极插入相应两个烧杯中，用盐桥将两个烧杯相连接。将两电极的引线与 pH S-3C 型酸度计相连，将酸度计的 pH-mV 开关置于"+mV"档，测量电池电动势。

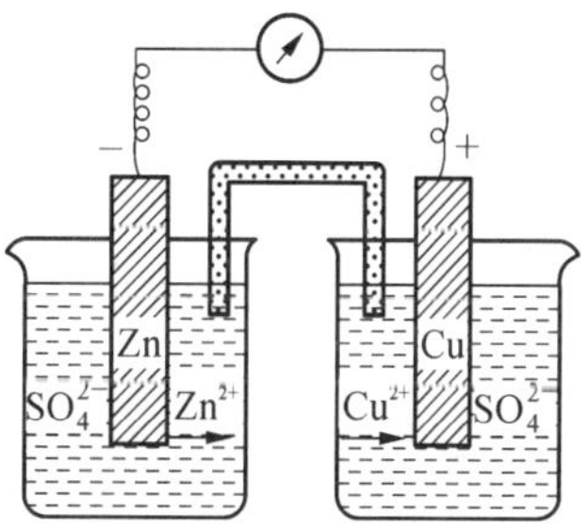

图 5-1　Cu-Zn 电池

取出盐桥，在 $CuSO_4$溶液中加入 10 mL 浓 NH_3·H_2O 充分搅拌，直到沉淀完全溶解，形成深蓝色溶液。再用盐桥连接两烧杯，测量电池电动势，解释原因。

取出盐桥，在 $ZnSO_4$溶液中加入 10 mL 浓 NH_3·H_2O 充分搅拌，直到沉淀完全溶解，再用盐桥连接两烧杯，测量电池电动势，解释原因。

4. 浓度对氧化还原反应的影响

在一支试管中加入 10 滴 0.1 mol·$L^{-1}$$CuSO_4$溶液，再加入 10 滴 0.1 mol·$L^{-1}$ KI 溶液，观察现象，再加入 10 滴 CCl_4溶液，充分振荡，观察 CCl_4层颜色变化，并写出有关反应方程式。

5. 介质的酸碱性对氧化还原反应的影响

(1) 对反应产物的影响　取三支试管，分别加入 0.05 mol·L^{-1} $KMnO_4$溶液 2 滴；在第一支试管中加入 6 滴 2 mol·L^{-1} H_2SO_4溶液，在第二支试管中加入 6 mol·L^{-1} NaOH 溶液 6 滴，在第三支试管中加入 6 滴去离子水，然后往三支试管中逐滴加入 0.2 mol·L^{-1} Na_2SO_3溶液，观察各试管中溶液的颜色有何不同，解释产生上述现象的原因，并写出有关反应方程式。

(2) 对反应方向的影响　在试管中加入 10 滴 0.1 mol·L^{-1} KI 溶液和 2～3 滴 0.1 mol·L^{-1} KIO_3溶液，混合后，观察有无变化。再加入几滴 2 mol·L^{-1} H_2SO_4溶液，观察有无变化。再逐滴加入 2 mol·L^{-1} NaOH 溶液，使混合溶液呈碱性，观察反应现象。解释产生上述现象的原因，并写出有关反应方程式。

(3) 对反应速率的影响　在两支试管中各加 3 滴 0.1 mol·L^{-1} KBr 溶液，在一支试管中加 3 滴 2 mol·L^{-1} H_2SO_4溶液，另一支试管中加 6 滴 2 mol·L^{-1} HAc 溶液，然后各滴加 1 滴 0.05 mol·L^{-1} $KMnO_4$溶液。比较紫色褪去的速度，解释现象，写出反应方程式。

6. 判断氧化还原反应的顺序

在试管中加入 10 滴 0.1 mol·L^{-1} $FeCl_3$溶液和 4 滴 0.1 mol·L^{-1} $KMnO_4$溶液，摇匀后再逐滴加入 0.2 mol·$L^{-1}$$SnCl_2$溶液，并不断摇动试管，待 $KMnO_4$溶液刚褪色后($SnCl_2$溶液不能过量！)，加入 1 滴 0.1 mol·L^{-1} KSCN 溶液，观察现象，并继续滴加 0.2 mol·$L^{-1}$$SnCl_2$溶液，观察溶液颜色变化。解释实验现象，并写出有关离子反应方程式。

五、思考题

1. 为什么 $KMnO_4$能氧化 HCl 中的 Cl^-，而不能氧化 NaCl 中的 Cl^-？
2. 如何判断氧化剂和还原剂的强弱及氧化还原反应进行的方向？
3. 为什么 H_2O_2既可作氧化剂，又可作还原剂？在何种情况下可作为氧化剂？何种情况下可作为还原剂？

实验 5.5　硫酸铜的提纯与纯度检验

一、实验目的

1. 学习粗硫酸铜提纯的原理和方法。
2. 掌握溶解、加热、蒸发、常压过滤、减压过滤、浓缩结晶等基本操作。
3. 学习用目视比色法检验产品中杂质含量的方法。

二、实验原理

粗硫酸铜晶体中主要包括少量不溶性杂质(如泥沙)和可溶性杂质如 Na^+、$FeSO_4$、$Fe_2(SO_4)_3$等。不溶性杂质可在溶解、过滤的过程中过滤除去。

要分离 Fe^{3+} 比较容易,因为 $Fe(OH)_3$的 $K_{sp}^{\ominus}=2.8\times10^{-39}$,而 $Cu(OH)_2$的 $K_{sp}^{\ominus}=2.2\times10^{-20}$,而当 $c(Fe^{3+})$降到 1×10^{-6} mol·L^{-1}时,

$$\{c(OH^-)\}=\sqrt[3]{\frac{K_{sp}^{\ominus}}{\{c(Fe^{3+})\}}}=\sqrt[3]{\frac{2.8\times10^{-39}}{1\times10^{-6}}}=1.4\times10^{-11}$$

$$pH=3.15$$

而此时溶液中允许存在的 Cu^{2+} 的浓度为

$$\{c(Cu^{2+})\}=\frac{K_{sp}^{\ominus}}{\{c(OH^-)\}^2}=\frac{2.2\times10^{-20}}{(1.4\times10^{-11})^2}=112$$

大大超过了 $CuSO_4$的溶解度,所以 Cu^{2+} 不会沉淀。从上述计算可以粗略看出,Cu^{2+} 与 Fe^{3+} 是可以利用溶度积的差异,控制适当的 pH,达到分离的目的。

由于 Fe^{2+} 完全沉淀所需的 pH 较高,为防止在较高 pH 条件下 Cu^{2+} 沉淀而影响硫酸铜的产量,实验过程中用 H_2O_2将 Fe^{2+} 氧化成 Fe^{3+},然后通过调节溶液 pH,使 Fe^{3+} 水解生成 $Fe(OH)_3$沉淀,再过滤除去,反应如下:

$$2Fe^{2+}+H_2O_2+2H^+\longrightarrow 2Fe^{3+}+2H_2O$$

$$Fe^{3+}+3H_2O\longrightarrow Fe(OH)_3+3H^+$$

然后采用控制 pH 在 3.5 左右使 Fe^{3+} 完全沉淀,达到 Fe^{3+} 与 Cu^{2+} 分离的目的。从氧化反应中可见,应用 H_2O_2作氧化剂的优点是不引入其他离子,多余的 H_2O_2 可利用热分解去除而不影响后面分离。

可溶性杂质是采用重结晶方法分离。根据物质的溶解度不同,特别是晶体的溶解度一般随温度的降低而减小,当热的饱和溶液冷却时,待提纯的物质先以结晶析出,而少量易溶性杂质由于尚未达到饱和,仍留在母液中,通过过滤,就能将可溶性杂质分离,这就是重结晶分离可溶性杂质的原理。

目视比色法是确定杂质含量的常用方法,在确定杂质含量后便能定出产品的纯度级别。将产品配成溶液,在比色管中加入显色剂显色、定容与在同样条件下显色、定容的一系列不同浓度的标准溶液(标准色阶)进行颜色比较(方法是从管口垂直向下观察),如果产品溶液的颜色比某一标准溶液的颜色浅,就可确定杂质含量低于该标准溶液中的含量,即低于某一规定的限度,所以这种方法又称为限量分析。

由于本实验的产品溶液 Cu^{2+} 本身有颜色,干扰 Fe^{3+} 的比色观察,因此在比色检验前需要首先在产品溶液中加入过量的 6 mol·L^{-1} 氨水,使微量的 Fe^{3+} 杂质沉淀、过滤分离出来,沉淀用热的 6 mol·L^{-1} HCl 溶解后收集到比色管中,加入 25% KSCN 溶液显色(生成$[Fe(SCN)_n]^{3-n}$血红色络合物,$n=1\sim6$)、定容,然后与标准色阶比较,从而确定产

品中杂质铁的含量范围。

三、仪器和试剂

仪器:台秤,100 mL 烧杯,量筒(50 mL),铁架台,石棉网,酒精灯,漏斗,漏斗架,蒸发皿,表面皿,布氏漏斗,抽滤瓶,循环水真空泵。

试剂:粗 $CuSO_4$,H_2SO_4(1 mol·L^{-1}),NaOH(2 mol·L^{-1}),3% H_2O_2,$NH_3·H_2O$(6 mol·L^{-1}),KSCN(25%),HCl(2 mol·L^{-1})。

其他:精密 pH 试纸,滤纸,剪刀,火柴。

视频:五水硫酸铜的制备

四、实验内容与步骤

1. 粗硫酸铜的提纯

用台秤称取已研磨的粗硫酸铜 5 g 置于 100 mL 洁净烧杯中,加入 20 mL 去离子水,边搅拌边加热,直至晶体完全溶解,停止加热。搅拌下往溶液中逐滴滴加 2 mL 3% H_2O_2 溶液,加热至 H_2O_2 分解完全,边搅拌边滴加 2 mol·L^{-1} NaOH 溶液,直至溶液的 pH 控制在 3.5 左右(用精密 pH 试纸),继续加热片刻,使 $Fe(OH)_3$ 加速沉淀。静置 15 min,待 $Fe(OH)_3$ 沉淀沉降(千万不要用玻璃棒去搅动!)。

先将上层清液过滤,下面用蒸发皿承接。待清液滤完后再逐步倒入悬浊液过滤,过滤近完时,用少量去离子水洗涤烧杯,洗涤液倒入漏斗中过滤,待全部滤完后,弃去滤渣。往蒸发皿中的滤液加 3 滴 1 mol·L^{-1} H_2SO_4 使溶液酸化,移到石棉网上加热、蒸发、浓缩(勿加热过猛,以免液体飞溅而损失),至溶液表面刚出现薄层晶膜时,立即停止加热,让其自然冷却到室温(不要用水冷),慢慢地析出 $CuSO_4·5H_2O$ 晶体。

减压过滤除去母液。取出晶体,摊在滤纸上,再覆盖一张滤纸,用手指轻轻挤压进一步吸干剩余母液,最后将吸干的晶体放在表面皿上称重,计算收率。

2. 纯度的检验

称取 1.0 g 提纯后的产品于 100 mL 烧杯中,加 10 mL 去离子水溶解,加入 1 mL 1 mol·L^{-1} H_2SO_4,1 mL 3% H_2O_2,加热煮沸至剩余 H_2O_2 分解完全。溶液冷却后,逐滴滴加 6 mol·L^{-1} $NH_3·H_2O$,至蓝色沉淀全部溶解转变为深蓝色透明溶液,普通过滤,并用 6 mol·L^{-1} $NH_3·H_2O$ 洗涤沉淀和滤纸至无蓝色,弃去滤液,滤纸上的沉淀用 3 mL 热的 2 mol·L^{-1} HCl 溶解,用 25 mL 比色管承接。在比色管中加入 2 mL 25% 的 KSCN 溶液,用去离子水稀释至刻度,摇匀,与标准色阶比较,确定产品的纯度等级。

标准色阶的制备见硫酸亚铁铵的制备及纯度分析实验。

五、数据记录与处理

1. 粗硫酸铜的提纯

产品外观(颜色、状态)：________________
粗硫酸铜质量：________________
提纯后硫酸铜质量：________________
回收率：________________

2. 产品纯度检验

经目视比色，产品溶液的颜色比标准色阶中________号浅(含相同)，所以产品中杂质铁的含量≤________ ppm，产品的纯度等级为________级。

附：标准色阶制备见硫酸亚铁铵的制备及纯度分析实验

六、注意事项

1. 本实验有两次普通过滤操作，过滤所除去和保留部分必须弄清楚，第一次是除去滤纸上的杂质 $Fe(OH)_3$，第二次是保留滤纸上的 $Fe(OH)_3$，用作检验提纯后的产品纯度。

2. 蒸发浓缩结晶，必须掌握合适的停止加热时机，溶液表面出现晶膜应立即停止加热。冷却析出晶体一定要自然冷却，不能用水冷。

3. 减压过滤转移晶体时，不能用水冲洗蒸发皿，可用小片滤纸将残留在蒸发皿的少量晶体刮下来。同样，抽滤得到的硫酸铜产品，绝对不能用水去冲洗布氏漏斗壁，以保证回收率。

七、思考题

1. 除去 Fe^{3+} 时，为什么要调节 pH 在 3.5 左右？pH 太大或太小有什么影响？
2. 蒸发浓缩时，过早或过晚停火，各有什么不利？
3. 为什么要冷却后才能过滤？冷却程度与产率有关吗？
4. 什么情况下用常压过滤？什么情况下用减压过滤？减压过滤操作应注意些什么？

实验 5.6　硫酸亚铁铵的制备及纯度分析

一、实验目的

1. 了解复盐的一般特性，学习复盐硫酸亚铁铵的制备方法。

2. 熟练掌握水浴加热、常压过滤与减压过滤、蒸发、结晶等基本无机制备的操作和产品纯度的检验方法。

二、实验原理

硫酸亚铁铵$(NH_4)_2SO_4 \cdot FeSO_4 \cdot 6H_2O$,商品名为莫尔盐,由等摩尔的硫酸亚铁和硫酸铵形成的复盐,为浅蓝绿色单斜晶体,在空气中稳定,不易被氧化,溶于水,不溶于乙醇,加热到 100 ℃时失去结晶水。在定量分析中常用作基准物质标定高锰酸钾等溶液的浓度。此外,工农业生产中可用作染料的媒染剂、农用杀虫剂、废水处理的混凝剂等。

铁与稀硫酸在适当温度下反应,先制得硫酸亚铁溶液,再加入等物质的量的硫酸铵,经适当温度加热浓缩结晶制得溶解度较小的硫酸亚铁铵产品。反应式为:

$$Fe + H_2SO_4 \xlongequal{} FeSO_4 + H_2\uparrow$$

$$FeSO_4 + (NH_4)_2SO_4 + 6H_2O \xlongequal{} (NH_4)_2SO_4 \cdot FeSO_4 \cdot 6H_2O$$

与其他复盐一样,$(NH_4)_2SO_4 \cdot FeSO_4 \cdot 6H_2O$ 在水中的溶解度比组成它的每一个单盐 $FeSO_4$和$(NH_4)_2SO_4$的溶解度都要小。三种盐的溶解度数据列于表 5-1。

表 5-1　三种盐的溶解度　　单位:g/100 g H_2O

温度/℃	$FeSO_4 \cdot 7H_2O$	$(NH_4)_2SO_4$	$(NH_4)_2SO_4 \cdot FeSO_4 \cdot 6H_2O$
10	20.0	73.0	17.2
20	26.5	75.4	21.6
30	32.9	78.0	28.1

因此,只需将浓度较高的等物质的量的 $FeSO_4$溶液与$(NH_4)_2SO_4$混合均匀,经蒸发浓缩、冷却结晶,即得$(NH_4)_2SO_4 \cdot FeSO_4 \cdot 6H_2O$ 复盐晶体。

硫酸亚铁铵中杂质 Fe^{3+} 的含量多少,是影响产品质量的重要指标之一。Fe^{3+} 与 SCN^- 能生成血红色$[Fe(SCN)]^{2+}$,红色深浅与 Fe^{3+} 含量相关,可用目视比色法估计产品中所含杂质铁离子的量,与标准颜色相比即可确定产品的等级。

硫酸亚铁铵的纯度分析是以 $K_2Cr_2O_7$测定亚铁的含量。

$$Cr_2O_7^{2-} + 6\,Fe^{2+} + 14H^+ \xlongequal{} 2\,Cr^{3+} + 6\,Fe^{3+} + 7H_2O$$

$$\omega(\text{产品}) = \frac{6c(K_2Cr_2O_7) \cdot V(K_2Cr_2O_7) \cdot M[(NH_4)_2Fe(SO_4)_2 \cdot 6H_2O]}{m_s}$$

三、仪器和试剂

仪器:台秤,电子天平,烧杯(100 mL),酒精灯,三脚架,石棉网,电热恒温水浴锅,量筒(25 mL),漏斗,漏斗架,蒸发皿,循环水真空泵,吸滤瓶,布氏漏斗,比色管(25 mL),锥形瓶,酸式滴定管。

试剂:铁屑,10% Na_2CO_3,3 mol·L^{-1} H_2SO_4,$(NH_4)_2SO_4$(A.R),95% 乙醇,3 mol·L^{-1} HCl,0.1 mol·L^{-1} KSCN,$K_2Cr_2O_7$基准物质,0.2%二苯胺磺酸钠指示剂,H_2SO_4-H_3PO_4混合酸。

其他:滤纸,剪刀,火柴。

四、实验内容与步骤

视频:硫酸亚铁铵的制备

1. 铁屑的净化

称取 2 g 铁屑于小烧杯中,加入 15 mL 10%Na_2CO_3溶液,小火加热 10 min 以除去铁屑表面的油污,用倾析法倒掉碱液,再用水将铁屑冲洗至近中性。

2. $FeSO_4$的制备

往盛有铁屑的小烧杯中加入 20 mL 3 mol·L^{-1} H_2SO_4溶液,水浴加热(在通风橱中进行),用玻璃棒搅拌至不再有气泡放出,适当补充少量水,保持体积在 20 mL 左右。趁热过滤,滤液收集于干净的蒸发皿中,用少许热水洗涤烧杯及滤纸上的残渣。将残渣收集在一起用碎滤纸吸干后称量,根据已反应的铁屑质量计算出溶液中硫酸亚铁的量。

3. $(NH_4)_2SO_4$·$FeSO_4$·$6H_2O$ 的制备

根据溶液中 $FeSO_4$的量,计算并称取固体硫酸铵的量,加到所得的硫酸亚铁溶液中。搅拌溶解,水浴蒸发,浓缩至表面出现结晶膜。取出蒸发皿,放置冷却、结晶。减压过滤除去母液,用少许 95%乙醇洗涤以除去晶体表面的水分,抽干。将晶体取出,摊在两张滤纸之间并轻压吸干。观察晶体的颜色和形状。称重,计算产率。

4. Fe^{3+}的限量分析——产品等级的确定

称取 1.0 g 产品于 25 mL 比色管中,加 10 mL 不含氧的去离子水溶解,再加入 2 mL 3 mol·L^{-1} HCl 和 1 mL 0.1 mol·L^{-1} KSCN,继续用不含氧的去离子水稀释至 25 mL,摇匀。与标准色阶进行目视比色,确定产品等级。

5. 硫酸亚铁铵含量的测定

准确称取烘干的 $K_2Cr_2O_7$约 0.8～1.0 g 于小烧杯中,加入 30 mL 左右去离子水溶解,定量转移至 200 mL 容量瓶中,加水定容至刻度,摇匀。计算其准确浓度。准确称取约 0.6～0.8 g 产品三份,分别放于三个 250 mL 锥形瓶中,加 20 mL 水,加 15 mL H_2SO_4-H_3PO_4混合酸,5～6 滴二苯胺磺酸钠指示剂,立即用 $K_2Cr_2O_7$标准溶液滴定至溶液呈稳定的紫色,即达到滴定终点。计算产品中硫酸亚铁铵的质量分数。

五、数据记录与处理

1. 硫酸亚铁铵的制备

产品外观(颜色、状态):________________
铁屑质量:________________　铁屑残渣质量:________________
硫酸亚铁铵质量:________________
产率:________________

2. 产品纯度检验

经目视比色,产品溶液的颜色比标准色阶中________号浅(含相同),所以产品中杂质铁的含量≤________ ppm,产品的纯度等级为________级。

3. 产品质量分析

(1) 重铬酸钾质量:________
(2) 产品质量分析(滴定)

	1	2	3
m(产品)/g			
$V(K_2Cr_2O_7)$初(mL)			
$V(K_2Cr_2O_7)$终(mL)			
$V(K_2Cr_2O_7)$(mL)			
ω(产品)			
$\bar{\omega}$(产品)			

附:Fe^{3+}标准溶液的配制及标准色阶的制作

1. Fe^{3+}储备液(含Fe^{3+} 0.100 0 mg·mL^{-1})

称 0.863 4 g$(NH_4)Fe(SO_4)_2 \cdot 12H_2O$于小烧杯中,加适量的水,加 2.5 mL 浓硫酸,转入到 1 L 的容量瓶中,用水稀释至刻度定容,摇匀。

准确移取 10.00 mL Fe^{3+}储备液于 100 mL 容量瓶中,加水稀释至刻度,摇匀,得浓度为 0.01000 mg·mL^{-1}的Fe^{3+}标准溶液。

2. 标准色阶的制作

取 3 支 25 mL 比色管,分别加入Fe^{3+}标准溶液 5.00 mL、10.00 mL、20. 00 mLFe^{3+}标准溶液,然后加入 2 mL 3 mol·L^{-1} HCl 和 1 mL 0.1 mol·L^{-1} KSCN,用去离子水稀释至 25 mL,摇匀,分别配制成相当于一级、二级、三级试剂的标准液。

表 5-2　不同等级 $(NH_4)_2SO_4 \cdot FeSO_4 \cdot 6H_2O$ 中的 Fe^{3+} 含量

产品级别	一级	二级	三级
含 Fe^{3+} 的量/mg	0.05	0.1	0.2

产品等级评定：产品中 Fe^{3+} 含量小于等于 Fe^{3+} 含量评定为该等级。

六、注意事项

1. 不必将所有铁屑都反应完，反应进行时间控制在 20～30 min 为宜，反应时应分次补充少量水，以防止 $FeSO_4$ 析出。

2. 水浴温度应低于 90 ℃，以防止 Fe^{2+} 的氧化；水浴浓缩结晶时温度也不宜过高。

3. 蒸发浓缩初期要不停地搅拌溶液，一旦发现晶膜出现应停止搅拌。

七、思考题

1. 在制备硫酸亚铁时，为何有异味？

2. 制备过程中为什么要保持硫酸亚铁和硫酸亚铁铵溶液有较强的酸性？

3. 浓缩 $(NH_4)_2SO_4 \cdot FcSO_4 \cdot 6H_2O$ 时能否浓缩至干？

4. 为什么不能用去离子水洗涤晶体而要用 95%的乙醇洗？

实验 5.7　化学反应速率与活化能的测定

一、实验目的

1. 了解浓度、温度和催化剂对反应速率的影响。

2. 掌握过二硫酸铵与碘化钾反应的平均反应速率的测定方法，并计算一定温度下的反应速率常数、反应级数和反应的活化能。

3. 学习用作图法处理实验数据。

二、实验原理

在水溶液中，过二硫酸铵与碘化钾发生反应的离子方程式及反应速率方程为：

$$S_2O_8^{2-} + 3I^- \longrightarrow 2SO_4^{2-} + I_3^- \qquad (1)$$

$$\upsilon = k\,[c(S_2O_8^{2-})]^m\,[c(I^-)]^n$$

式中 $c(S_2O_8^{2-})$、$c(I^-)$ 分别为两种离子混合时的初始浓度。k 为反应速率系数，m 和 n 分

别为 $S_2O_8^{2-}$ 和 I^- 的反应级数，$m+n$ 为该反应的反应级数。

实验能测定的是一定时间间隔(Δt)内 $S_2O_8^{2-}$ 浓度的改变量 $\Delta c(S_2O_8^{2-})$，即平均速率：

$$\bar{v}=-\frac{\Delta c(S_2O_8^{2-})}{\Delta t}$$

反应进行缓慢，在不太长的一段时间内，浓度变化较小，所以，初始阶段的平均速率近似等于初始阶段的瞬时速率，实验中近似的用平均速率代替瞬时速率：

$$v=k\,[c(S_2O_8^{2-})]^m\,[c(I^-)]^n\approx-\frac{\Delta c(S_2O_8^{2-})}{\Delta t}$$

为了能够测定 $\Delta c(S_2O_8^{2-})$，在混合$(NH_4)_2S_2O_8$和 KI 溶液的同时，加入一定体积已知浓度的 $Na_2S_2O_3$溶液和淀粉指示剂，这样在反应进行的同时，也进行着如下的反应：

$$2S_2O_3^{2-}+I_3^-\longrightarrow S_4O_6^{2-}+3I^- \qquad (2)$$

反应(2)进行得非常快，几乎瞬间完成，而反应(1)却慢得多，所以由反应(1)生成的 I_3^- 立刻与 $S_2O_3^{2-}$ 作用生成无色的 $S_4O_6^{2-}$ 和 I^-。在反应开始阶段，看不到碘与淀粉作用的特有蓝色，一旦 $S_2O_3^{2-}$ 耗尽，反应(1)生成的 I_3^- 立即与淀粉作用，使整个溶液显蓝色。因此，蓝色的出现就标志着 $Na_2S_2O_3$耗尽。

本实验所用 $Na_2S_2O_3$ 的起始浓度都相等，因此在所记录的时间间隔 Δt 内的 $\Delta c(S_2O_3^{2-})$ 都相等。由反应(1)和(2)的计量关系可以看出，$S_2O_8^{2-}$ 浓度的减少量等于 $S_2O_3^{2-}$ 浓度减少量的一半：

$$\Delta c(S_2O_8^{2-})=\frac{\Delta c(S_2O_3^{2-})}{2}$$

因此，只要记下从反应开始到溶液出现蓝色所需要的时间 Δt，就可以求出反应(1)的平均反应速率。

$$\bar{v}=-\frac{\Delta c(S_2O_8^{2-})}{\Delta t}=-\frac{\Delta c(S_2O_3^{2-})}{2\Delta t}=\frac{c(S_2O_3^{2-})}{2\Delta t}$$

在相同温度和相同 $c(S_2O_3^{2-})$ 条件下，固定 $c(I^-)$，改变 $c(S_2O_8^{2-})$，分别测出反应时间 Δt，计算出反应速率，再根据速率方程式推算反应级数 m。同理，固定 $c(S_2O_8^{2-})$ 改变 $c(I^-)$，可推算反应级数 n。

求出 m 和 n 后，进一步求出速率常数 k：

$$k=\frac{v}{[c(S_2O_8^{2-})]^m\,[c(I^-)]^n}$$

温度对化学反应速率有明显的影响。若保持各物质的浓度不变，只改变反应温度，记录各温度下反应所用时间，由关系式：

$$\frac{v_1}{v_2}=\frac{k_1\,[c(S_2O_8^{2-})]^m\,[c(I^-)]^n}{k_2\,[c(S_2O_8^{2-})]^m\,[c(I^-)]^n}=\frac{c(S_2O_3^{2-})/2\Delta t_1}{c(S_2O_3^{2-})/2\Delta t_2}\qquad\frac{k_1}{k_2}=\frac{\Delta t_2}{\Delta t_1}$$

从而求出不同温度下的速率常数 k。根据阿仑尼乌斯公式，反应速率常数 k 与反应温度

T 之间的关系为：

$$\ln k=-\frac{E_a}{RT}+\ln A$$

式中，E_a 为反应的活化能，R 为摩尔气体常数，T 为热力学温度。因此，只要测得不同温度时的 k 值，以 $\ln k$ 对 $1/T$ 作图可得一直线，由直线的斜率可求得反应的活化能 E_a：

$$斜率=-\frac{E_a}{R}$$

催化剂能改变反应历程，降低化学反应的活化能，对反应速率有较大的影响。本实验反应采用可溶性铜盐如 $Cu(NO_3)_2$ 作催化剂。

三、仪器和试剂

仪器：温度计（273～323 K），恒温水浴锅，烧杯（100 mL，5 个），量筒（10 mL，25 mL，）。

试剂：KI（0.20 mol·L^{-1}），$(NH_4)_2S_2O_8$（0.20 mol·L^{-1}），$Na_2S_2O_3$（0.010 mol·L^{-1}），KNO_3（0.20 mol·L^{-1}），$(NH_4)_2SO_4$（0.20 mol·L^{-1}），$Cu(NO_3)_2$（0.020 mol·L^{-1}），淀粉（0.2%）。

四、实验内容与步骤

1. 浓度对反应速率的影响

室温下，在 1#、2#、3#、4#、5# 烧杯中，按表 5-3 的用量，用量筒分别量取 KI、淀粉、$Na_2S_2O_3$、KNO_3、$(NH_4)_2SO_4$ 溶液于 100 mL 烧杯中，摇动烧杯混合均匀。再量取 $(NH_4)_2S_2O_8$ 溶液，迅速加到烧杯中，同时按动秒表，并不断摇动烧杯使烧杯内溶液混合均匀。观察到溶液刚出现蓝色，立即按下秒表，记录反应时间和温度。为了使溶液的离子强度和总体积保持不变，在 2#、3#、4#，5# 烧杯中所减小的 KI 或 $(NH_4)_2S_2O_8$ 的量分别用 KNO_3 和 $(NH_4)_2SO_4$ 溶液补充。

表 5-3　浓度对反应速率的影响

实验编号		1	2	3	4	5
试剂用量/mL	0.20 mol·L^{-1} KI	20.0	20.0	20.0	10.0	5.0
	0.010 mol·L^{-1} $Na_2S_2O_3$	8.0	8.0	8.0	8.0	8.0
	0.2%淀粉溶液	2.0	2.0	2.0	2.0	2.0
	0.20 mol·L^{-1} KNO_3	0	0	0	10.0	15.0
	0.20 mol·L^{-1} $(NH_4)_2SO_4$	0	10.0	15.0	0	0
	0.20 mol·L^{-1} $(NH_4)_2S_2O_8$	20.0	10.0	5.0	20.0	20.0

续 表

实 验 编 号		1	2	3	4	5
反应物初始浓度/$mol \cdot L^{-1}$	$(NH_4)_2S_2O_8$					
	KI					
	$Na_2S_2O_3$					
反应时间 $\Delta t/s$						
$\Delta c(S_2O_8^{2-})/(mol \cdot L^{-1})$						
反应速率 $v/(mol \cdot L^{-1} \cdot S^{-1})$						
$k/[(mol \cdot L^{-1})^{1-m-n} \cdot S^{-1}]$						

2. 温度对反应速率的影响

在 6＃、7＃、8＃烧杯中，按表 5-3 中 4＃实验的试剂用量分别加入 KI、淀粉、KNO_3 和 $Na_2S_2O_3$溶液，搅拌均匀。把$(NH_4)_2S_2O_8$溶液加入另一个烧杯中或大试管中，将 6＃烧杯和一份装$(NH_4)_2S_2O_8$溶液的烧杯放入温度为室温＋10 ℃的恒温水浴锅中加热 5～10 min，再将$(NH_4)_2S_2O_8$溶液迅速倒入烧杯中，同时按下秒表，摇动溶液，记录反应时间和温度。同理，将 7＃烧杯和一份装$(NH_4)_2S_2O_8$溶液的烧杯放入温度为室温＋20 ℃的恒温水浴锅中加热 5～10 min，再将$(NH_4)_2S_2O_8$溶液迅速倒入烧杯中，同时按下秒表，摇动溶液，记录反应时间和温度。将 8＃烧杯和一份装$(NH_4)_2S_2O_8$溶液的烧杯放入温度为室温＋30 ℃的恒温水浴锅中加热 5～10 min，再将$(NH_4)_2S_2O_8$溶液迅速倒入烧杯中，同时按下秒表，摇动溶液，记录反应时间和温度。将数据填入表 5-4 中。

表 5-4　温度对反应速率的影响

实 验 编 号	4	6	7	8
反应温度 T/K				
反应时间 $\Delta t/s$				
反应速率/$(mol \cdot L^{-1} \cdot S^{-1})$				
$k/[(mol \cdot L^{-1})^{1-m-n} \cdot S^{-1}]$				
$\ln k$				
$\frac{1}{T}/K^{-1}$				
直线的斜率				
活化能 $E_a/(kJ \cdot mol^{-1})$				

3. 催化剂对反应速率的影响

在室温下的 9＃烧杯中，按表 5-3 中 4＃实验的试剂用量分别加入 KI、淀粉、KNO_3

和 $Na_2S_2O_3$ 溶液，再滴加 1 滴 0.020 mol · L^{-1} 的 $Cu(NO_3)_2$ 溶液，搅拌均匀，把 $(NH_4)_2S_2O_8$ 溶液迅速倒入烧杯中，搅拌，记录反应时间。与 4 # 实验比较，计算加入一滴催化剂后反应的活化能下降值。

五、数据处理

1. 用表 5 - 3 中实验 1、2、3 的数据，按初始速率法求 m；用 1、4、5 的数据计算求出 n；再求出反应速率系数 k，并把上述结果填入表 5 - 3。

2. 用上述相同方法对表 5 - 4 结果进行数据处理，并将实验结果填入表中相应位置。利用表中各次实验的 k 和 T，以 $\ln k$ 对 $1/T$ 作一直线，求出直线的斜率，再求出反应的活化能 E_a。

3. 计算加入 1 滴 $Cu(NO_3)_2$ 催化剂后反应活化能的下降值。

六、注意事项

1. 向 KI、淀粉、$Na_2S_2O_3$ 混合溶液中加入 $(NH_4)_2S_2O_8$ 时，越快越好，而且一定要充分搅拌，实验过程中也要不断搅拌直到实验结束。

2. 恒温水浴锅显示温度与试剂温度可能略有差异，故恒温后应测定溶液的温度。

3. 溶液显色程度的颜色应尽可能一致。

4. 小烧杯要干燥，量筒内溶液一定要倒完才能保证烧杯内混合液的浓度。

七、思考题

1. 在向 KI、淀粉和 $Na_2S_2O_3$ 混合溶液中加入 $(NH_4)_2S_2O_8$ 时，为什么必须越快越好？

2. 反应溶液出现蓝色后，反应是否已经停止了？

实验 5.8　醋酸解离度和解离常数的测定

一、实验目的

1. 加深对弱电解质解离平衡的理解。

2. 掌握测定 HAc 解离度和解离常数的方法。

3. 学习使用酸度计。

4. 学习移液管和容量瓶的操作。

二、实验原理

醋酸(CH_3COOH 或 HAc)是弱电解质,在水溶液中存在着以下解离平衡:

$$HAc + H_2O \rightleftharpoons H_3O^+ + Ac^-$$

在纯 HAc 水溶液中若忽略水的解离,可简写为:

$$HAc \rightleftharpoons H^+ + Ac^-$$

起始浓度($mol \cdot L^{-1}$)　　c_0　　0　　0

平衡浓度($mol \cdot L^{-1}$)　　$c_0 - c_0\alpha$　　$c_0\alpha$　　$c_0\alpha$

c_0 为 HAc 的起始浓度,$c(H^+)$、$c(Ac^-)$、$c(HAc)$分别为 H^+、Ac^-、HAc 的平衡浓度,α 为解离度,则有:

$$c(H^+) = c(Ac^-) = c_0\alpha \quad c(HAc) = c_0(1-\alpha)$$

$$\alpha = \frac{c(H^+)}{c_0}$$

达到解离平衡时解离常数 $K_a^\ominus$ 为

$$K_a^\ominus(HAc) = \frac{[c(H^+)/c^\ominus][c(Ac^-)/c^\ominus]}{[c(HAc)/c^\ominus]} = \frac{\{c(H^+)\}\{c(Ac^-)\}}{\{c(HAc)\}}$$

$$K_a^\ominus(HAc) = \frac{\{c(Ac^-)\}\{c(H^+)\}}{\{c(HAc)\}} = \frac{\{c_0\alpha\}^2}{\{c_0 - c_0\alpha\}} = \frac{\{c_0\}\alpha^2}{1-\alpha}$$

当 $\frac{c_0}{K_a^\ominus(HAc)} \geqslant 500$ 时,$\alpha < 5\%$,$1-\alpha \approx 1$,则 $K_a^\ominus(HAc) = \{c_0\}\alpha^2$

温度一定时,用酸度计测定一系列已知准确浓度的 HAc 溶液的 pH 即可计算出 $c(H^+)$:

$$pH = -\lg\{c(H^+)\} \quad \{c(H^+)\} = 10^{-pH}$$

将求出的 $c(H^+)$代入解离度定义式即可求出一系列对应浓度 HAc 溶液的解离度 α。将 α 代入解离常数公式中,即可求出醋酸的 $K_a^\ominus$,$K_a^\ominus$ 的值近似为一常数,取一系列 $K_a^\ominus$ 的平均值即为该温度下 HAc 的解离常数。

在 HAc - NaAc 构成的缓冲溶液中,溶液的 pH 计算公式为

$$pH = pK_a^\ominus - \lg\frac{c(HAc)}{c(Ac^-)} \approx pK_a^\ominus - \lg\frac{c_0(HAc)}{c_0(Ac^-)}$$

或

$$pH = pK_a^\ominus - \lg\frac{n(HAc)}{n(Ac^-)}$$

在实验过程中配制一系列不同缓冲比的缓冲溶液,测出各缓冲溶液的 pH,即可求出 HAc 的 $K_a^\ominus$。

三、仪器和试剂

仪器：烧杯（50 mL）七个，烧杯（100 mL），小滴管，移液管（5 mL、10 mL、25 mL），10 mL吸量管，容量瓶（50 mL）三个，pHS－3C 型酸度计，pH 复合电极。

试剂：HAc 溶液（0.20 mol·L^{-1}），NaOH 标准溶液（0.20 mol·L^{-1}），HAc 和 NaOH 溶液用前须由实验老师标定。标准缓冲溶液（pH＝4.00，pH＝6.86）。

四、实验内容与步骤

1. 配制不同浓度的 HAc 溶液

用移液管分别移取 5.00 mL、10.00 mL、25.00 mL 浓度为 0.20 mol·L^{-1}的 HAc 溶液，分别置于 50 mL 容量瓶中，再用去离子水稀释至刻度线，摇匀，计算出这三种不同 HAc 溶液的浓度。并将这三种溶液转入干燥的 1＃、2＃、3＃号烧杯中，在干燥的 4＃烧杯中加 30 mL 左右浓度为 0.20 mol·L^{-1}的 HAc 溶液。

2. 配制不同缓冲比的 HAc－NaAc 缓冲溶液

在编号为 5＃、6＃、7＃烧杯中分别加入 10.00 mL 0.20 mol·L^{-1}的 HAc 溶液，再加入 4.00 mL、5.00 mL、6.00 mL 浓度为 0.20 mol·L^{-1}的 NaOH 溶液，加水至 30 mL 左右，摇匀，计算三个烧杯中的缓冲比 $c(HAc)/c(Ac^-)$ 或 $n(HAc)/n(Ac^-)$。

3. 测定醋酸溶液及缓冲溶液的 pH

按 pH 由大到小的顺序测定上述 7 个烧杯中各溶液的 pH，并换算成 $c(H^+)$，算出 α，再算出 $K_a^\ominus$。

五、数据记录与处理

1. 醋酸溶液 pH 测定及解离度和解离常数的计算　　　　室温：________

溶液编号	$c_0(HAc)$/(mol·L^{-1})	pH	$c(H^+)$/(mol·L^{-1})	α/(%)	解离常数 $K_a^\ominus$	
					测定值	平均值
1＃						
2＃						
3＃						
4＃						

2. 缓冲溶液 pH 测定及解离度和解离常数的计算　　　　室温:________

溶液编号	$n(HAc)/n(Ac^-)$	pH	α/(%)	解离常数 $K_a^\ominus$	
				测定值	平均值
5#					
6#					
7#					

根据实验结果讨论 HAc 的解离度与浓度的关系。

六、注意事项

1. 前四号溶液转入烧杯时一定要注意保持溶液浓度不变,若烧杯不干燥,可用要盛装的 HAc 溶液润洗 2～3 遍;

2. 测定 7 个烧杯中溶液 pH 时,应按溶液中氢离子浓度由小到大的顺序测定;

3. 复合电极要轻拿轻放,避免损坏。

七、思考题

1. 相同温度下,不同浓度的 HAc 溶液的解离度是否相同? 解离常数是否相同? 为什么?

2. 为什么对前四号烧杯中要强调保持浓度不变,而对后三个烧杯中溶液不做要求? 保持浓度不变有哪些方法?

3. 使用酸度计应注意哪些问题?

4. 实验测定的 HAc 解离常数是否与附录中所给的 $K_a^\ominus(HAc)$ 存在误差? 说明原因。

第6章 基础分析化学实验

实验6.1 天平称量练习和比较滴定

一、实验目的

1. 掌握电子天平的使用规则和使用方法。
2. 学会直接称量法和差减称量法。
3. 学习酸式和碱式滴定管的使用方法。
4. 熟悉酚酞、甲基橙指示剂的使用和终点的确定。

二、实验原理

天平工作原理见4.1。

比较滴定：0.1 mol·L^{-1} NaOH溶液滴定等浓度的HCl溶液，滴定突跃为pH 4.3～9.7，可选用酚酞(8.0～9.6)和甲基橙(3.1～4.4)作指示剂。由于甲基橙和酚酞变色的可逆性好，当浓度一定的NaOH和HCl相互滴定时，即使使用不同的指示剂，所消耗的酸碱溶液体积比V_{HCl}/V_{NaOH}应是固定的；在使用同一指示剂的情况下，改变被滴溶液的体积，此体积比也应基本不变。

三、仪器和试剂

仪器：电子天平，烧杯，称量瓶，酸式滴定管，碱式滴定管，锥形瓶，试剂瓶，量筒，玻璃棒，电子台秤等。

试剂：HCl(6 mol·L^{-1})，NaOH固体，酚酞指示剂，甲基橙指示剂，NaCl试样等。

四、实验内容与步骤

1. 天平直接称量法练习

(1) 天平开机，显示0.0000后，将干燥的烧杯放在电子天平秤盘上；

(2) 显示稳定读数后，去皮归零；

(3) 加入少量 NaCl 试样，稳定后显示屏上的读数即为质量。

2. 天平差减称量法练习

(1) 天平开机，显示屏显示 0.0000 后，将装好 NaCl 试样的称量瓶放在秤盘上；

(2) 显示稳定读数后，去皮归零；

(3) 取出称量瓶(显示屏上的读数为负值)，轻敲称量瓶瓶口，待少量样品转入容器中后，将称量瓶盖好放回秤盘上，读数稳定后，显示屏上的数值即为倾倒出的试样的质量(显示屏上的读数依然为负值)。

(4) 如果未达到需要的质量，则重复(3)操作，直到达到所需量。

3. 酸碱标准溶液的粗配

(1) 配制 0.1 $mol \cdot L^{-1}$ HCl 标准溶液　用小量筒量取 5 mL 6 $mol \cdot L^{-1}$ HCl，倒入试剂瓶中，加去离子水稀释至 300 mL，盖上瓶塞，贴上标签，摇匀备用。

(2) 配制 0.1 $mol \cdot L^{-1}$ NaOH 标准溶液　用电子台秤迅速称取 1.2 g NaOH 固体于小烧杯中，加约 30 mL 去离子水，搅拌溶解，转移至试剂瓶中，加水稀释至 300 mL，盖好橡皮瓶塞，贴好标签，摇匀备用。

4. 滴定练习

将配好的 HCl 溶液和 NaOH 溶液分别装入酸式滴定管和碱式滴定管，将滴定管的气泡赶尽，调整滴定管液面至刻度 0～1 之间。

(1) 酸滴定碱

用碱式滴定管准确放出 20 mL 左右的 NaOH 溶液于 250 mL 锥形瓶中，加 1～2 滴甲基橙(或甲基红)指示剂，摇匀；

用 HCl 溶液滴定，当滴入 HCl 使溶液颜色由黄色变为橙色时，表明终点到达。(如果溶液变为红色，说明已过终点，在滴定练习时可用 NaOH 溶液回滴，显橙色即为终点。如果溶液由红色又变为黄色，说明 NaOH 又滴多了，还需用 HCl 回滴。如此反复练习，达到能准确控制终点的目的)

(2) 碱滴定酸

用酸式滴定管准确放出 20 mL 左右的 HCl 溶液于 250 mL 锥形瓶中，加 1～2 滴酚酞指示剂，摇匀。

用 NaOH 溶液滴定至溶液由无色到粉红色且 30 s 内不褪色表明终点到达。(如果溶液红色较深，说明已过终点，在滴定练习时可用 HCl 溶液回滴至刚变为无色即为终点。然后再用 NaOH 溶液滴定至粉红色且 30 s 内不褪色即为终点。如此反复练习，达到能准确控制终点的目的)

(3) 比较滴定

在上述酸碱互滴中，不回滴，到达终点后分别对应记录 NaOH、HCl 溶液消耗的体积，平行测定 3 次，并计算体积比。

五、注意事项

1. 差减法称量要去皮；
2. 取放称量瓶不能直接用手拿，可用纸条取或戴手套取；
3. 滴定体积的读数要读到小数点的后 2 位(最后一位是估读)。

六、思考题

1. 滴定管在装液之前需要用标准溶液润洗，锥形瓶需要润洗吗？为什么？
2. 滴定至临近终点时加入半滴的操作是怎样进行的？

七、数据记录与处理参考格式

	1	2	3
$V_{终}$(NaOH)/mL			
$V_{初}$(NaOH)/mL			
V(NaOH)/mL			
$V_{终}$(HCl)/mL			
$V_{初}$(HCl)/mL			
V HCl)/mL			
V(NaOH)/V(HCl)			
平均值			

实验 6.2　酸碱标准溶液的配制和标定

一、实验目的

1. 掌握滴定管、容量瓶、移液管的使用方法。
2. 掌握酸碱标准溶液的配制和标定方法。
3. 掌握酚酞、甲基橙指示剂的使用和终点的确定。

二、实验原理

酸标准溶液通常用 HCl 或 H_2SO_4 来配制。因为 HCl 不会破坏指示剂，同时大多数氯化物易溶于水，稀盐酸又比较稳定，所以多数情况下用 HCl 来配制。但由于浓 HCl 易挥发，不符合直接法配制的条件，需用间接法配制。

标定 HCl 标准溶液的基准物质有无水碳酸钠和硼砂（$Na_2B_4O_7 \cdot 10H_2O$）。

硼砂标定 HCl 的反应方程式为

$$Na_2B_4O_7 + 2HCl + 5H_2O = 4H_3BO_3 + 2NaCl$$

化学计量点时溶液的 pH 约为 5.2，可用甲基红作指示剂。硼砂的摩尔质量比较大，可以减小称量中产生的误差，所以是比较优良的基准物质。但是，硼砂在空气中易风化失去部分结晶水，因此应保存在相对湿度为 60%的恒湿器中。

碳酸钠标定 HCl 的标定反应方程式为：

$$Na_2CO_3 + 2HCl = 2NaCl + H_2O + CO_2$$

化学计量点时溶液的 pH 为 3.8～3.9，可用甲基橙作指示剂。由于 Na_2CO_3 易吸收空气中的水分，因此使用前应在 270～300 ℃下干燥，然后密封于瓶内，保存在干燥器中备用。

碱标准溶液通常用 NaOH 或 KOH 来配制。NaOH 标准溶液应用最多，但 NaOH 固体易吸收空气中的水分和 CO_2，不符合直接法配制的条件，需用间接法配制。

标定 NaOH 标准溶液的基准物质有乙二酸（$H_2C_2O_4 \cdot 2H_2O$）和邻苯二甲酸氢钾（$KHC_8H_4O_4$，常写作 KHP）。

邻苯二甲酸氢钾标定 NaOH 的标定反应方程式为：

$$KHP + NaOH = KNaP + H_2O$$

产物为二元弱碱，理论 pH 约为 9.1，可选用酚酞作指示剂。KHP 易溶于水，不含结晶水，在空气中不吸水，易保存，且摩尔质量较大（$204.2 g \cdot mol^{-1}$），是较为理想的标定 NaOH 的基准物质。

乙二酸（$H_2C_2O_4 \cdot 2H_2O$）是二元酸，$K_{a1}^{\ominus} = 5.9 \times 10^{-2}$，$K_{a2}^{\ominus} = 6.4 \times 10^{-5}$，$K_{a1}^{\ominus}/K_{a2}^{\ominus} < 1 \times 10^4$，二元酸被一步滴定，标定反应为

$$H_2C_2O_4 + 2NaOH = Na_2C_2O_4 + 2H_2O$$

化学计量点时溶液的 pH 约为 8.4，可用酚酞作指示剂。

本实验用硼砂（或无水 Na_2CO_3）标定 HCl 浓度后，NaOH 标准溶液的浓度可用比较滴定法来标定；或者用 KHP（或 $H_2C_2O_4 \cdot 2H_2O$）标定 NaOH 浓度后，HCl 标准溶液的浓度可用比较滴定法来标定。注意在比较滴定和滴定过程中选择相同的指示剂以减小滴定误差。

三、仪器和试剂

仪器:酸式滴定管,碱式滴定管,锥形瓶,容量瓶,移液管,烧杯,试剂瓶,量筒,玻璃棒,小滴管,电子台秤,电子天平等。

试剂:HCl(6 mol · L^{-1}),NaOH 固体,酚酞指示剂,甲基橙指示剂,甲基红指示剂,无水碳酸钠(A.R.),硼砂(A.R.),乙二酸(A.R.),邻苯二甲酸氢钾(A.R.)。

四、实验内容与步骤

1. 酸碱标准溶液的粗配

(1) 配制 0.1 mol · L^{-1} HCl 标准溶液　用小量筒量取 5 mL 6 mol · L^{-1} HCl,倒入试剂瓶中,加去离子水稀释至 300 mL,盖上塞子,贴上标签,摇匀备用。

(2) 配制 0.1 mol · L^{-1} NaOH 标准溶液 用电子台秤迅速称取 1.2 g 固体 NaOH 于烧杯中,加约 30 mL 去离子水,搅拌溶解,转入橡皮塞试剂瓶中,加水稀释至 300 mL,盖好瓶塞,贴好标签,摇匀备用。

2. 溶液浓度的标定

视频:HCl 浓度的标定

(1) 0.1 mol · L^{-1} HCl 溶液浓度的标定　在电子天平上用差减法准确称取 1.8～2.0 g 硼砂于小烧杯中,加约 30 mL 去离子水溶解后,完全转移至 100 mL 容量瓶中,定容摇匀备用。用移液管移取 20.00 mL 硼砂液于 250 mL 锥形瓶中,加甲基红指示剂 1～2 滴,用待标定的 HCl 溶液滴定至溶液颜色由黄色变为橙红色且 30 s 内不褪色即为终点,记录消耗 HCl 的体积,计算 HCl 的准确浓度。平行测定 2～3 次,相对平均偏差应小于 0.2%。

$$c(\mathrm{HCl})=\frac{2m\,(\mathrm{Na_2B_4O_7\cdot 10H_2O})\times\dfrac{20.00}{100.0}}{M\,(\mathrm{Na_2B_4O_7\cdot 10H_2O})V(\mathrm{HCl})}$$

或者在电子天平上用差减法准确称取 0.4～0.5 g 硼砂于 250 mL 锥形瓶中,加 30 mL 去离子水溶解后,加甲基红指示剂 1～2 滴,用待标定的 HCl 溶液滴定至溶液颜色由黄色变为橙红色且 30 s 内不褪色即为终点,记录消耗 HCl 的体积,计算 HCl 的准确浓度。平行测定 2～3 次,相对平均偏差应小于 0.2%。

$$c(\mathrm{HCl})=\frac{2m(\mathrm{Na_2B_4O_7\cdot 10H_2O})}{M\,(\mathrm{Na_2B_4O_7\cdot 10H_2O})V(\mathrm{HCl})}$$

或者在电子天平上用差减法准确称取 0.5～0.6 g 无水 Na_2CO_3 于小烧杯中,加 30 mL 去离子水溶解后,完全转移至 100 mL 的容量瓶中,定容、摇匀,备用。移取 20.00 mL 上述溶液于 250 mL 的锥形瓶中,加甲基橙指示剂 1～2 滴,用待标定的 HCl 溶液滴定至溶液颜色由黄色变为橙色且 30 s 内不褪色即为终点，记录消耗 HCl 的体积，计算 HCl 的准确浓度。平行测定 2～3 次，相对平均偏差应小于 0.2%。

$$c(\mathrm{HCl})=\frac{2m\ (\mathrm{Na_2CO_3})}{M\ (\mathrm{Na_2CO_3})V(\mathrm{HCl})}\times\frac{20.00}{100.0}$$

(2) 0.1 mol · L^{-1} NaOH 溶液浓度的标定　在电子天平上用差减法准确称取 0.4～0.5 g KHP 于 250 mL 锥形瓶中，加 30 mL 去离子水溶解后，加酚酞指示剂 1～2 滴，用待标定的 NaOH 溶液滴定至溶液颜色由无色变为粉红色且 30 s 内不褪色即为终点，记录消耗 NaOH 的体积，计算 NaOH 的准确浓度。平行测定 3 次，相对平均偏差应小于 0.2%。

$$c(\mathrm{NaOH})=\frac{m(\mathrm{KHP})}{M(\mathrm{KHP})V(\mathrm{NaOH})}$$

或者用已标定准确的 HCl 标准溶液比较滴定，求出 NaOH 的准确浓度。

五、数据记录与处理参考格式

1. 硼砂标定 HCl

	1	2	3
m(硼砂)/g			
V(硼砂)/mL			
$V_{终}$(HCl)/mL			
$V_{始}$(HCl)/mL			
V(HCl)/mL			
c(HCl)/(mol · L^{-1})			
$\bar{c}$(HCl) /(mol · L^{-1})			
相对平均偏差			

2. 以 KHP 标定 NaOH

	1	2	3
m(KHP)/g			
$V_{终}$(NaOH)/mL			
$V_{始}$(NaOH)/mL			
V(NaOH)/mL			
c(NaOH)/(mol · L^{-1})			
$\bar{c}$(NaOH) /(mol · L^{-1})			
相对平均偏差			

六、注意事项

1. 称取 NaOH 要迅速。
2. 每次滴定的初始读数应该在 0～1 之间。
3. 终点颜色要在 30 s 内不褪。

七、思考题

1. 配制 NaOH 溶液时，应选用电子台秤还是电子天平称 NaOH？为什么？

2. 将基准物质配制成标准溶液来标定溶液的浓度，直接称取基准物质标定溶液的浓度，这两种方法各有什么优缺点？

3. 用硼砂作基准物质标定 HCl 的浓度，用已标定浓度的 NaOH 标准溶液标定 HCl 的浓度，比较这两种方法的优缺点。

实验 6.3　食用白醋中醋酸含量的测定

一、实验目的

1. 掌握容量瓶、移液管、滴定管的操作方法。
2. 学会食用白醋中总酸量的测定方法。
3. 了解强碱滴定弱酸的反应原理及指示剂的选择。

二、实验原理

食用白醋的主要成分是醋酸（HAc，其含量约为 3%～5%），此外还含有少量的其他有机酸，如乳酸等。可用 NaOH 标准溶液进行滴定，测出酸的总含量，其结果以含量最多的醋酸计算。其滴定反应式为：

$$NaOH + HAc = NaAc + H_2O$$

此滴定反应为强碱滴定弱酸，反应产物为弱酸强碱盐 NaAc，水解后，溶液的理论 pH 在 8.7 左右，可选用酚酞作指示剂。

NaOH 标准溶液必须采用间接法配制，常用邻苯二甲酸氢钾（KHP）作基准物质来标定，反应方程式如下：

$$KHC_8H_4O_4 + NaOH = KNaC_8H_4O_4 + H_2O$$

化学计量点时，溶液 pH 约为 9.1，可选用酚酞作指示剂。

三、仪器和试剂

仪器：碱式滴定管，锥形瓶（250 mL），小烧杯（100 mL），试剂瓶（500 mL），量筒，容量瓶（100 mL），移液管（20 mL），分析天平等。

试剂：NaOH 固体，食用白醋，酚酞指示剂，邻苯二甲酸氢钾（KHP）。

四、实验内容与步骤

1. NaOH 标准溶液的配制与标定

(1) 0.1 mol・L^{-1} NaOH 标准溶液的配制

用台秤迅速称取 1.2 g 固体 NaOH 于烧杯中，加 50 mL 无 CO_2 的去离子水溶解，转入橡皮塞试剂瓶中，加去离子水至 300 mL，盖好瓶塞，摇匀，贴好标签备用。

(2) NaOH 标液浓度的标定

在分析天平上用差减法准确称取 0.4～0.5 g KHP 三份，分别置于洁净的 250 mL 锥形瓶中，加入约 30 mL 去离子水溶解（可稍加热），冷却至室温后，加酚酞指示剂 1～2 滴，用配制好的 NaOH 标准溶液滴定至溶液颜色由无色至粉红色，且 30 s 内不褪色，即为终点。记录消耗的 NaOH 标准溶液的体积，计算 NaOH 标准溶液的准确浓度（mol・L^{-1}）。

计算公式如下：

$$c(\mathrm{NaOH})=\frac{m(\mathrm{KHP})}{M(\mathrm{KHP})\times V(\mathrm{NaOH})}\times 1\,000$$

视频：食醋总酸度的测定

2. 食用白醋中醋酸含量的测定

用移液管准确移取食用白醋试样 20.00 mL 于 100.00 mL 容量瓶中，用去离子水稀释、定容，摇匀。用移液管移取食用白醋稀释液 25.00 mL 于 250 mL 锥形瓶中，加 1～2 滴酚酞指示剂，用配制好的 NaOH 标准溶液滴定至溶液由无色变为微红，30 s 内不褪色即为终点，记录消耗 NaOH 标准溶液的体积（平行做 3 次，相对平均偏差应小于 0.2%）。根据 NaOH 标准溶液的浓度和滴定时消耗的体积（V），可计算出食用白醋中醋酸含量 ρ(HAc)（单位为 g・L^{-1}），计算公式如下：

$$\rho(\mathrm{HAc})=\frac{\bar{c}(\mathrm{NaOH})\times V(\mathrm{NaOH})\times M(\mathrm{HAc})}{V(\mathrm{HAc})}\times \text{稀释倍数}$$

五、数据记录与处理

1. NaOH 浓度的标定

	1	2	3
m(KHP)/g			
$V_{终}$(NaOH)/mL			
$V_{始}$(NaOH)/mL			
V(NaOH)/mL			
c(NaOH)/(mol·L^{-1})			
$\bar{c}$(NaOH) /(mol·L^{-1})			
相对平均偏差			

2. 食醋中醋酸含量的测定

	1	2	3
V(HAc)/mL	20.00	20.00	20.00
$V_{终}$(NaOH)/mL			
$V_{始}$(NaOH)/mL			
V(NaOH)/mL			
$\bar{V}$(NaOH)/mL			
ρ(HAc) /(g·L^{-1})			
相对平均偏差			

六、注意事项

1. 注意食醋取后应立即将试剂瓶盖盖好，防止挥发。
2. 稀释食醋的去离子水应经煮沸，除去 CO_2。

七、思考题

1. 测定食醋含量时，所用的去离子水不能含有 CO_2，为什么？
2. 测定食醋含量时，是否可以选用甲基橙作为指示剂？
3. 已标定好的 NaOH 标准溶液，在存放过程中若吸收了二氧化碳，用它来测定 HCl 溶液的浓度，若以酚酞或甲基橙为指示剂对测定结果分别有何影响？

实验 6.4 混合碱分析(双指示剂法)

一、实验目的

1. 掌握 HCl 标准溶液的配制和标定方法。
2. 掌握双指示剂法测定混合碱中各组分含量的原理、方法和计算。

二、实验原理

混合碱可能是 Na_2CO_3、$NaHCO_3$ 和 NaOH 中的一种或几种物质的组合。可采用双指示剂法,用 HCl 标准溶液滴定,根据实验数据,可判断混合碱试样的组成,以及各组分的含量。本实验只讨论组成为两种物质的混合碱。

在混合碱试液中加入酚酞指示剂,用 HCl 标准溶液滴定到颜色变为很浅的红色时,即到达第一终点,此时试液中所含 NaOH 完全被中和,Na_2CO_3 则被中和到 $NaHCO_3$,到达第一终点时用去 HCl 标准溶液的体积为 V_1,反应如下:

$$NaOH + HCl = NaCl + H_2O$$

$$Na_2CO_3 + HCl = NaCl + NaHCO_3$$

再加入甲基橙指示剂,继续用 HCl 标准溶液滴定到溶液由黄色变为橙色,到达第二终点,此时试液中的 $NaHCO_3$ 被中和成 CO_2 和 H_2O,第二终点用去 HCl 标准溶液的体积为 V_2,反应如下:

$$NaHCO_3 + HCl = NaCl + CO_2 + H_2O$$

滴定过程为:

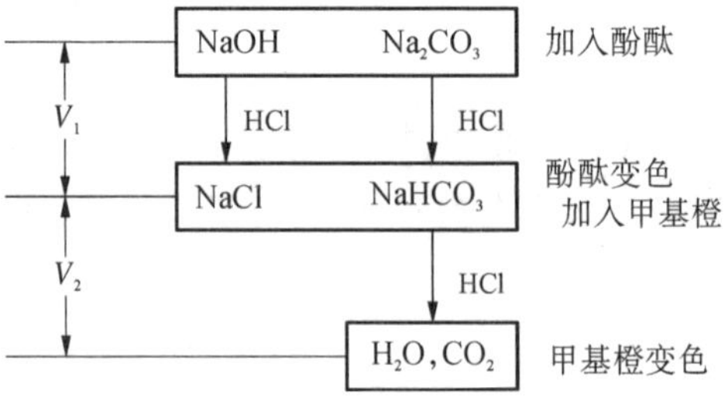

根据 V_1、V_2 的大小可判断出混合碱的组成,进而计算各组分的含量。

1. 如果 $V_1 > V_2$,试液为 Na_2CO_3 与 NaOH 的混合物

滴定 NaOH 消耗 HCl 溶液的体积为 $V_1 - V_2$,滴定 Na_2CO_3 消耗 HCl 溶液的体积为

$2V_2$。混合碱试样体积为 V_s，则 Na_2CO_3 与 NaOH 的含量((单位为 $g\cdot L^{-1}$))可由下式计算：

$$\rho(NaOH)=\frac{c(HCl)(V_1-V_2)M(NaOH)}{V_s}$$

$$\rho(Na_2CO_3)=\frac{\frac{1}{2}c(HCl)2V_2M(Na_2CO_3)}{V_s}$$

2. 如果 $V_2>V_1$，试液为 Na_2CO_3 与 $NaHCO_3$ 的混合物

滴定 $NaHCO_3$ 消耗 HCl 溶液的体积为 V_2-V_1，滴定 Na_2CO_3 消耗 HCl 溶液的体积为 $2V_1$。混合碱试样体积为 V_s，则 Na_2CO_3 与 $NaHCO_3$ 的含量((单位为 $g\cdot L^{-1}$))可由下式计算：

$$\rho(NaHCO_3)=\frac{c(HCl)(V_2-V_1)M(NaHCO_3)}{V_s}$$

$$\rho(Na_2CO_3)=\frac{\frac{1}{2}c(HCl)2V_1M(Na_2CO_3)}{V_s}$$

三、仪器和试剂

仪器：酸式滴定管，锥形瓶(250 mL)，烧杯(100 mL)，试剂瓶(500 mL)，量筒，容量瓶(100 mL)、移液管(10 mL、20 mL)、电子天平。

试剂：混合碱试液，无水碳酸钠(基准试剂)，6 $mol\cdot L^{-1}$ HCl，甲基橙指示剂，酚酞指示剂。

四、实验内容与步骤

1. 0.1 $mol\cdot L^{-1}$ HCl 标准溶液的配制及标定

(1) 0.1 $mol\cdot L^{-1}$ HCl 标准溶液的配制

用量筒量取 5 mL 6 $mol\cdot L^{-1}$ HCl 溶液，加入试剂瓶中，加去离子水至 300 mL，盖好瓶塞，摇匀，贴好标签备用。

(2) 0.1 $mol\cdot L^{-1}$ HCl 标准溶液的标定

在分析天平上用差减法准确称取 0.1～0.15 g 无水 Na_2CO_3 三份，分别置于洁净的 250 mL 锥形瓶中，加入约 30 mL 去离子水溶解，加入甲基橙指示剂 1～2 滴，用配制好的 HCl 标准溶液滴定至黄色变为橙色。计算 HCl 标准溶液的准确浓度。计算公式如下：

$$c(HCl)=\frac{2m(Na_2CO_3)}{M(Na_2CO_3)\times V(HCl)}\times 1\,000$$

2. 混合碱分析

移取 10.00 mL 混合碱试液于 100 mL 容量瓶中，用去离子水稀释定容，充分摇匀

备用。

移取 20.00 mL 稀释后的混合碱于 250 mL 锥形瓶中，加水 20 mL，酚酞指示剂 1～2 滴，用 HCl 标准溶液慢慢滴定且不断剧烈摇动锥形瓶，滴定至红色变为很浅的红色（与加 1～2 滴酚酞的 0.1 mol · L^{-1} 的 $NaHCO_3$ 溶液颜色做对比），记录消耗的 HCl 标准溶液的体积 V_1。再加入甲基橙指示剂 1～2 滴，继续用 HCl 标准溶液滴定至溶液由橙色变为黄色再变为橙色，记录消耗的 HCl 标准溶液的体积 V_2。平行测定三次。判断试样的组成并计算各组分的含量及相对平均偏差。

五、数据记录与处理

1. HCl 溶液浓度的标定

	1	2	3
$m(Na_2CO_3)$/g			
$V_{终}$(HCl)/mL			
$V_{始}$(HCl)/mL			
V(HCl)/mL			
c(HCl)/(mol · L^{-1})			
$\bar{c}$(HCl) /(mol · L^{-1})			
相对平均偏差			

2. 混合碱成分分析

	1	2	3
混合碱试液的体积/mL			
$V_{甲基橙终点}$(HCl)/mL			
$V_{酚酞终点}$(HCl)/mL			
$V_{始}$(HCl)/mL			
V_1(HCl)/mL			
V_2(HCl)/mL			
$\overline{V}_1$ (HCl)/mL			
$\overline{V}_2$ (HCl)/mL			
相对平均偏差			
组分 1/(g · L^{-1})			
组分 2/(g · L^{-1})			

六、注意事项

1. 第一终点酚酞由红色变为浅红色，容易滴过量，注意仔细观察，并用加 1～2 滴酚酞指示剂的 0.1mol・L^{-1} 的 $NaHCO_3$溶液做颜色参比。

2. 在第一终点滴完后的锥形瓶中加入甲基橙后，立即用 HCl 标准溶液进行 V_2滴定。千万不能在三个锥形瓶中先分别滴 V_1，再分别滴 V_2。

3. 第二终点要注意 CO_2的影响。由于溶液中有 CO_2存在使甲基橙指示剂终点提前。因此在滴定到刚变橙色时，应将溶液加热煮沸除去 CO_2（或者不加热将溶液剧烈摇动赶走 CO_2），这时溶液又变黄色，冷却后再滴加盐酸至溶液变为橙色即为终点。

七、思考题

1. 第一终点变色不敏锐，为避免这种情况，还可选用什么指示剂？
2.滴定到第二终点时应注意什么问题？
3. 加甲基橙后用盐酸滴定为什么颜色由橙色变为黄色再变为橙色？

实验 6.5　果蔬汁中总酸度的测定

一、实验目的

掌握果蔬中总酸度的测定原理、方法和操作技术。

二、实验原理

果蔬及其加工品中所含的酸为有机酸（包括苹果酸、柠檬酸、酒石酸和草酸），可用碱标准溶液直接滴定。由于滴定物为弱酸，滴定到终点时溶液呈碱性，应选酚酞作指示剂。因为二氧化碳的存在会多消耗碱标准溶液，产生正误差，故应将去离子水先煮沸，待冷却后立即使用，以消除二氧化碳的影响。测定出的酸度为总酸度，计算时以该果蔬所含主要酸来表示。如苹果、梨、桃、杏、李子、番茄、莴苣主要含苹果酸，以苹果酸计；柑橘类以柠檬酸计；葡萄以酒石酸计等。

三、仪器和试剂

仪器：打浆机，常压过滤装置，碱式滴定管，锥形瓶（250 mL），小烧杯（100 mL），试剂瓶（500 mL），量筒，容量瓶（100 mL），移液管（10 mL，20 mL），分析天平等。

试剂：NaOH 固体，果蔬样品，酚酞指示剂，邻苯二甲酸氢钾($KHC_8H_4O_4$)。

四、实验内容与步骤

1. 0.1 mol·L^{-1}NaOH 溶液的配制与标定　见实验 6.2。

2. 样品测定

准确称取 20 g 粉碎并混合均匀的果蔬试样于 100 mL 烧杯中，用去离子水将试样移入 250 mL 容量瓶中定容，摇匀。用干滤纸过滤，滤液入干烧杯中。移取 50.00 mL 滤液于 250 mL 锥形瓶中，加酚酞指示剂 1 滴，用 NaOH 标准溶液滴定至淡红色为终点，平行测定 3 次。

五、数据记录与处理

$$\bar{\omega}(\text{酸度})=\frac{(cV)_{\text{NaOH}}\times K}{m_{\text{样}}\times\dfrac{50.00}{250.0}}$$

式中 K 为换算系数(即毫摩尔质量)，其中，苹果酸：0.067；柠檬酸：0.064；酒石酸：0.075；乳酸：0.090。

六、注意事项

1. 选样要有代表性。
2. 如果试液本身有颜色干扰终点，可用活性炭脱色。

七、思考题

1. 过滤时为什么要用干漏斗和干烧杯？如有水存在对测定结果有何影响？
2. 为什么要用刚煮沸并冷却的去离子水？
3. 苹果酸、柠檬酸、酒石酸和草酸能否用 NaOH 标准溶液分步滴定？

实验 6.6　水中钙、镁离子含量及总硬度的测定

一、实验目的

1. 掌握配位滴定法的原理，了解配位滴定的特点。
2. 学习 EDTA 标准溶液的配制和标定方法。
3. 掌握 EDTA 法测定水中钙、镁含量的基本原理和方法，了解水的硬度的表示方法。

二、实验原理

1. EDTA 配制及标定

乙二胺四乙酸(简称 EDTA,常用 H_4Y 表示)是一种六齿有机配体,能与许多金属离子形成稳定的螯合物,在配位滴定中常用作标准溶液测定金属离子的含量。

常温下 EDTA 饱和溶液的浓度约为 0.000 7 $mol \cdot L^{-1}$,在分析实验中并不适用,因此通常用 EDTA 的二钠盐来配制标准溶液,也简称为 EDTA。$Na_2H_2Y \cdot 2H_2O$ 在水中溶解度较大,在 22 ℃时,每 100 mL 水中可溶解 11.1 g,约为 0.3 $mol \cdot L^{-1}$,能满足常量分析的要求(分析化学中常用浓度为 0.01～0.05 $mol \cdot L^{-1}$)。

市售的 EDTA 含有少量杂质,故 EDTA 标准溶液采用间接法配制。标定 EDTA 溶液常用的基准物质有很多,如 Zn,ZnO,$CaCO_3$,$MgSO_4 \cdot 7H_2O$,$ZnSO_4 \cdot 7H_2O$,Ni,Pb 等。实验中,通常选用与被测物有相同组分的物质做基准物,这样测定条件和标定条件一致,可减小测量误差。如测水的硬度的实验中,以 $MgSO_4 \cdot 7H_2O$ 为基准物质,在 NH_3 - NH_4Cl 缓冲溶液中,以铬黑 T 为指示剂标定 EDTA。

2. 水的硬度及测定原理

水的硬度主要由于水中含有钙盐和镁盐,其他金属离子如铁、铝、锰、锌等离子也形成硬度,但一般含量很少,测定工业用水总硬度时可忽略不计。钙、镁的酸式碳酸盐遇热分解,析出碳酸盐沉淀而使硬度除去,这种硬度称为暂时硬度;钙、镁的其他盐类所形成的硬度遇热不会分解除去,称为永久硬度。暂时硬度和永久硬度之和称为水的总硬度。我国目前表示水的硬度有以下两种方法:一是将水中 Ca^{2+},Mg^{2+} 的含量均折合为 CaO 后,以每升水中所含 CaO 的质量(单位为 mg/L)表示,这种表示方法很方便;二是德国度,即将水中 Ca^{2+}、Mg^{2+} 的含量均换算为 CaO 后,每升水中含 10 mg CaO 称为一个德国度,用“°d”表示。水的硬度＜4°d 为超软水,4～8°d 为软水,8～16°d 为中硬水,16～32°d 为硬水,＞32°d 为超硬水。

水中钙、镁总量或总硬度的测定:在 pH＝10 的氨性缓冲溶液(NH_3 - NH_4Cl)中,以铬黑 T(EBT)为指示剂,用 EDTA 标准溶液滴定水中 Ca^{2+}、Mg^{2+} 的总量。EBT 指示终点的变色原理为:

$$\text{滴定前}\quad \mathrm{Mg} + \mathrm{EBT} \rightleftharpoons \underset{\text{酒红色}}{\mathrm{Mg\text{-}EBT}}$$

滴定开始至理论终点前,溶液中游离的钙、镁离子逐步被 EDTA 滴定,溶液一直呈酒红色。终点时,EDTA 夺取 Mg - EBT 中的镁离子而游离出指示剂 EBT,溶液由酒红色变为蓝色,指示终点的到达:

$$\underset{\text{酒红色}}{\mathrm{Mg\text{-}EBT}} + \mathrm{EDTA} \rightleftharpoons \mathrm{Mg\text{-}EDTA} + \underset{\text{蓝色}}{\mathrm{EBT}}$$

钙硬度的测定：用 NaOH 调节溶液 pH＝12，使水中的 Mg^{2+} 生成 $Mg(OH)_2$ 沉淀被掩蔽。加入钙指示剂，钙指示剂与钙离子生成酒红色配合物，终点时钙指示剂游离出来呈蓝色，用 EDTA 标准溶液滴定，测出钙的含量。从钙、镁总含量中减去钙的含量即可求得镁的含量。

根据滴定钙镁总量消耗的体积 V_1，滴定钙消耗的体积为 V_2，可按下式计算：

$$\text{水的总硬度}(10\ \text{mg CaO}\cdot\text{L}^{-1})=\frac{c(\text{EDTA})V_1M(\text{CaO})}{V_{\text{水样}}}\times 1\,000\quad(^{\circ}\text{d})$$

以钙、镁的质量浓度计，计算公式为：

$$\rho(\text{Ca})=\frac{c(\text{EDTA})V_2M(\text{Ca})}{V_{\text{水样}}}\times 1\,000(\text{mg}\cdot\text{L}^{-1})$$

$$\rho(\text{Mg})=\frac{c(\text{EDTA})(V_1-V_2)M(\text{Mg})}{V_{\text{水样}}}\times 1\,000(\text{mg}\cdot\text{L}^{-1})$$

三、仪器和试剂

仪器：酸式滴定管，容量瓶，移液管，锥形瓶，烧杯，试剂瓶，量筒，电子天平等。

试剂：EDTA（$0.3\ \text{mol}\cdot\text{L}^{-1}$），$MgSO_4\cdot 7H_2O$（A. R.），NaOH（$2\ \text{mol}\cdot\text{L}^{-1}$），pH＝10.0 的氨性缓冲液，铬黑 T 指示剂，钙指示剂。

四、实验内容与步骤

视频演示

1. $0.01\ \text{mol}\cdot\text{L}^{-1}$ EDTA 标准溶液的配制和标定

用小量筒量取 10 mL $0.3\ \text{mol}\cdot\text{L}^{-1}$ EDTA，倒入试剂瓶中，加去离子水稀释至 300 mL，盖上塞子，贴上标签，摇匀备用。

用差减法准确称取 0.25 g 左右 $MgSO_4\cdot 7H_2O$ 于小烧杯中，加约 30 mL 去离子水溶解后，完全转移至 100 mL 容量瓶中，加去离子水稀释至刻度，摇匀备用。用移液管移取 20.00 mL $MgSO_4\cdot 7H_2O$ 溶液于 250 mL 锥形瓶中，加 5 mL pH＝10.0 的氨性缓冲液，加铬黑 T 指示剂少许，用待标定的 EDTA 溶液滴定至溶液颜色由酒红色变为蓝色即为终点，记录消耗 EDTA 的体积，计算 EDTA 的准确浓度。平行测定 2～3 次。

2. 水的总硬度的测定

准确量取 100.0 mL 自来水样于 250 mL 锥形瓶中，加 5 mL pH＝10.0 的氨性缓冲液，加铬黑 T 指示剂少许，用 EDTA 标准溶液滴定至溶液颜色由酒红色变为蓝色即为终点，记录消耗 EDTA 的体积 V_1，计算水的总硬度。平行测定 2～3 次。

3. 钙、镁含量的测定

准确量取 100.0 mL 自来水样于 250 mL 锥形瓶中，加 5 mL $2\ \text{mol}\cdot\text{L}^{-1}$ NaOH 溶液，

加钙指示剂少许，用 EDTA 标准溶液滴定至溶液颜色由酒红色变为蓝色即为终点，记录消耗 EDTA 的体积 V_2，计算水中钙、镁的含量。平行测定 2～3 次。

五、数据记录与处理参考格式

1. EDTA 浓度的标定

	1	2	3
$m(MgSO_4 \cdot 7H_2O)/g$			
$V(MgSO_4 \cdot 7H_2O)/mL$			
$V_{终}(EDTA)/mL$			
$V_{始}(EDTA)/mL/$			
$V(EDTA)/mL/$			
$c(EDTA)/mol \cdot L^{-1}$			
$\bar{c}(EDTA)$ $/mol \cdot L^{-1}$			
相对平均偏差			

2. 水样中钙、镁总量测定

	1	2	3
V(水样)/mL/			
$V_{终}(EDTA)/mL$			
$V_{始}(EDTA)/mL$			
$V_1(EDTA)/mL$			
$\overline{V}_1(EDTA)$ $/mL$			
相对平均偏差			

3. 水样中钙含量测定

	1	2	3
V(水样)/mL/			
$V_{终}(EDTA)/mL$			
$V_{始}(EDTA)/mL$			
$V_2(EDTA)/mL$			
$\overline{V}_2(EDTA)$ $/mL$			
相对平均偏差			

六、注意事项

1. 指示剂加入的量要合适，加多了颜色深，变色不敏锐，加少了颜色太浅，不易观察。

2. 钙指示剂的滴定终点颜色不是突变，由酒红—紫—蓝紫—纯蓝的渐变过程，所以临近终点时一定要慢滴，注意观察。

七、思考题

1. 标定 EDTA 浓度时，怎样选择基准物质？
2. 配位滴定中为什么要加缓冲溶液？
3. 用 EDTA 测定水的硬度时，哪些离子对测定有干扰？怎样消除？

实验 6.7　高锰酸钾的配制与标定及双氧水中过氧化氢含量的测定

一、实验目的

1. 了解 $KMnO_4$ 标准溶液的配制方法和保存条件。
2. 掌握用 $Na_2C_2O_4$ 标定 $KMnO_4$ 标准溶液浓度的标定条件。
3. 掌握用 $KMnO_4$ 测定 H_2O_2 含量的原理和方法。

二、实验原理

市售的高锰酸钾含有少量的 MnO_2 及其他杂质，$KMnO_4$ 易与水中微量有机物等还原性物质发生缓慢的反应，生成的 MnO_2 和 $MnO(OH)_2$ 又能促进 $KMnO_4$ 的分解，见光时分解速率更快。因此 $KMnO_4$ 标准溶液用间接法配制。

标定 $KMnO_4$ 溶液的基准物质有 $Na_2C_2O_4$，$H_2C_2O_4 \cdot 2H_2O$，As_2O_3 及纯铁丝等。其中以 $Na_2C_2O_4$ 最常用，因为它易提纯、稳定且不含结晶水，在 105～110 ℃烘干 2 h，置于干燥器中冷却后即可使用。

用 $Na_2C_2O_4$ 标定 $KMnO_4$ 的反应在 H_2SO_4 介质中进行，其反应为：

$$2MnO_4^- + 5C_2O_4^{2-} + 16H^+ \xlongequal{} 2Mn^{2+} + 10CO_2 + 8H_2O$$

滴定溶液必须保持一定的酸度。酸度过低，易生成 MnO_2 沉淀；酸度过高，会促进 $H_2C_2O_4$ 分解，滴定开始时的适宜酸度为 $c(H^+)$ 应在 0.5～1 $mol \cdot L^{-1}$，因 HCl 具有还原性，HNO_3 具有氧化性，HAc 的酸性太弱，因此选用 H_2SO_4 作为酸性介质。室温下反应速度很慢，常将溶液加热至 75～85 ℃时趁热进行滴定。但温度不能太高，温度超过 90 ℃，$H_2C_2O_4$ 部分分解，导致标定结果偏高。滴定开始阶段，即使在加热条件下，MnO_4^- 与 $C_2O_4^{2-}$ 反应速度仍然较慢，滴定速度不宜太快，否则加入的 $KMnO_4$ 溶液来不及与 $C_2O_4^{2-}$ 反应，即在热的酸性溶液中分解：

$$4MnO_4^- + 12H^+ \longrightarrow 4Mn^{2+} + 5O_2 + 6H_2O$$

当滴定反应产生 Mn^{2+} 后，Mn^{2+} 对反应有催化作用，滴定速度可稍快。故若在滴定前加入少量 $MnSO_4$ 作催化剂，则滴定在开始阶段就可较快进行。

$KMnO_4$ 可作为自身指示剂，滴定至化学计量点时，稍过量的 $KMnO_4$ 溶液就可使溶液呈浅红色，若在 30 s 内不褪色，即可认为到达滴定终点。

H_2O_2（双氧水）一般浓度约为 30 g/100 mL（或 30%），实验室常装在塑料瓶内，置于暗处。在酸性介质中 $KMnO_4$ 与 H_2O_2 的反应为：

$$2MnO_4^- + 5H_2O_2 + 6H^+ = 2Mn^{2+} + 5O_2 + 8H_2O$$

故可用 $KMnO_4$ 标准溶液滴定 H_2O_2，测定双氧水中 H_2O_2 的含量。

三、仪器和试剂

仪器：滴定管，容量瓶，移液管，锥形瓶，烧杯，试剂瓶，量筒，电子天平，水浴锅。

试剂：$KMnO_4$（1 mol·L^{-1}），$Na_2C_2O_4$（A. R.），H_2SO_4（3 mol·L^{-1}），H_2O_2（30 g/100 mL），$MnSO_4$（1 mol·L^{-1}）

四、实验内容与步骤

实验演示

1. 0.02 mol·L^{-1} $KMnO_4$ 标准溶液的配制和标定

用小量筒量取 5 mL 1 mol·L^{-1} $KMnO_4$，倒入棕色试剂瓶中，加去离子水稀释至 300 mL，盖上塞子，贴上标签，摇匀备用。

用差减法准确称取 0.15 g 左右 $Na_2C_2O_4$ 三份，分别置于 250 mL 锥形瓶中，加 30 mL 去离子水溶解，加入 3 mol·L^{-1} H_2SO_4 10 mL，水浴加热至 75～85 ℃（锥形瓶口冒热气），趁热用 $KMnO_4$ 标准溶液滴定，刚开始反应较慢，滴入第一滴 $KMnO_4$ 标准溶液需剧烈摇动锥形瓶至红色消失，再滴加第二滴 $KMnO_4$，随着反应速率加快，滴定速度也可加快，但滴定速度始终不能过快，尤其是终点附近，更要小心滴加，快速摇动锥形瓶。滴定至溶液呈微红色并保持 30 s 内不褪色即为终点，记录消耗 $KMnO_4$ 的体积，计算 $KMnO_4$ 的准确浓度。

2. H_2O_2 含量的测定

用吸量管准确吸取 2.00 mL 30% H_2O_2 于 200 mL 容量瓶中，加水稀释至刻度，充分摇匀备用。

准确移取 20.00 mL 稀释后的 H_2O_2 溶液于 250 mL 锥形瓶中，加入 10 mL 3 mol·L^{-1} H_2SO_4，再加 20 mL 去离子水，用 $KMnO_4$ 标准溶液滴定，至溶液呈微红色并保持 30 s 内不褪色即为终点，记录消耗 $KMnO_4$ 的体积，计算 H_2O_2 的含量。平行测定 2～3 次。

五、数据记录与处理

1. $KMnO_4$ 浓度的标定

	1	2	3
$m(Na_2C_2O_4)/g$			
$V_{终}(KMnO_4)/mL$			
$V_{始}(KMnO_4)/mL$			
$V(KMnO_4)/mL$			
$c(KMnO_4)/(mol \cdot L^{-1})$			
$\bar{c}(KMnO_4)/(mol \cdot L^{-1})$			
相对平均偏差			

$$c(KMnO_4)=\frac{2}{5}\times\frac{m(Na_2C_2O_4)}{M(Na_2C_2O_4)\times V(KMnO_4)}$$

2. H_2O_2 含量的测定

	1	2	3
$V(H_2O_2)/mL$			
$V_{终}(KMnO_4)/mL$			
$V_{始}(KMnO_4)/mL$			
$V(KMnO_4)/mL$			
$\overline{V}(KMnO_4)/mL$			
$\bar{\rho}/(g \cdot L^{-1})$			
相对平均偏差			

$$\rho(H_2O_2)=\frac{\frac{5}{2}c(KMnO_4)V(KMnO_4)M(H_2O_2)}{20.00\times\frac{2.00}{200.0}}(g \cdot L^{-1})$$

六、注意事项

1. 由于 $KMnO_4$ 颜色较深，看不到凹液面，读数时看液面的最高点。

2. 正确控制滴定速度，滴定速度一定要与反应速率一致，开始慢，逐渐加快，近终点时再逐渐放慢滴定速度。

七、思考题

1. 标定 $KMnO_4$ 浓度时，为什么需在强酸介质中并在加热条件下进行？酸度过低过高对标定结果有何影响？

2. $KMnO_4$ 测定双氧水时，能不能在加热条件下进行？

实验 6.8　重铬酸钾法测定亚铁盐中铁的含量

一、实验目的

1. 掌握重铬酸钾标准溶液的配制方法。

2. 掌握重铬酸钾法测定亚铁盐中铁含量的原理、测定条件及氧化还原指示剂的应用。

二、实验原理

在强酸性溶液中重铬酸钾可定量氧化 Fe^{2+}，本身被还原为绿色的 Cr^{3+}，指示剂为二苯胺磺酸钠，滴定反应为

$$6Fe^{2+}+Cr_2O_7^{2-}+14H^+ = 6Fe^{3+}+2Cr^{3+}+7H_2O$$

由于滴定过程中生成的 Fe^{3+} 影响终点的判断，故常加入磷酸与铁离子结合生成稳定的无色配离子 $[Fe(HPO_4)_2]^-$，消除铁离子颜色的干扰。同时，更重要的作用是降低了铁离子的浓度，从而降低了电对 Fe^{3+}/Fe^{2+} 的电极电势，滴定电势突跃范围增大，使二苯胺磺酸钠指示剂变色范围全部落在突跃范围内，防止指示剂提前变色而产生较大滴定误差。

三、仪器和试剂

仪器：酸式滴定管、锥形瓶(250 mL)、小烧杯(100 mL)、试剂瓶(500 mL)、量筒、容量瓶(200 mL)、分析天平。

试剂：硫酸-磷酸混合酸(将 150 mL 浓硫酸缓缓加入 700 mL 水中，冷却后加入

150 mL 85%磷酸，混匀）、分析纯重铬酸钾、硫酸亚铁样品、二苯胺磺酸钠指示剂（0.2%）。

四、实验内容与步骤

1. 重铬酸钾标准溶液的配制

准确称取烘干的重铬酸钾约 0.8～0.9 g 于小烧杯中，加 30 mL 左右去离子水使之溶解，定量转移至 200 mL 容量瓶中，定容，摇匀，计算其准确浓度。

2. Fe^{2+} 的测定

准确称取约 0.6 g 硫酸亚铁样品三份，分别置于已编号的三个 250 mL 锥形瓶中，加入 10 mL 硫酸-磷酸混合酸，加水 20 mL，加入 5～6 滴二苯胺磺酸钠指示剂（0.2%），立即用重铬酸钾标准溶液滴定至溶液呈稳定紫色，即达终点。

五、数据记录与处理

1. $m(K_2Cr_2O_7)=$________ g　　$c(K_2Cr_2O_7)=$________ $mol \cdot L^{-1}$

2. 亚铁盐中铁含量的测定

	1	2	3
m(试样)/g			
$V_{终}(K_2Cr_2O_7)$/mL			
$V_{始}(K_2Cr_2O_7)$/mL			
$V(K_2Cr_2O_7)$/mL			
ω(铁)			
平均值			
相对平均偏差			

计算公式：

$$c(K_2Cr_2O_7)=\frac{m(K_2Cr_2O_7)}{M(K_2Cr_2O_7)\times V(K_2Cr_2O_7)}\times 1\,000$$

$$\bar{\omega}(Fe)=\frac{6(cV)_{K_2Cr_2O_7}\times M(Fe)}{m_{样}\times 1000}\times 100\%$$

六、注意事项

在酸性溶液中，亚铁离子易被氧化，故加入硫酸-磷酸混合酸后，应立即滴定。

七、思考题

1. 用重铬酸钾测铁时，为什么要加入硫酸-磷酸的混合酸溶液？
2. 加有硫酸的亚铁离子待测溶液在空气中放置 1 小时再滴定，对测定结果有何影响？

实验 6.9　间接碘量法测定胆矾中铜含量

一、实验目的

1. 掌握间接碘量法测定铜的原理、方法和计算。
2. 学习硫代硫酸钠标准溶液的配制和标定。
3. 了解间接碘量法测定胆矾中铜含量的测定意义。

二、实验原理

胆矾（$CuSO_4 \cdot 5H_2O$）是农药波尔多液的主要原料。胆矾中铜含量常用间接碘量法进行测定。

在酸性溶液中（pH＝3～4）Cu^{2+} 与过量的 I^- 作用生成不溶性的 CuI 沉淀并定量析出 I_2：

$$2Cu^{2+} + 4I^- = 2CuI\downarrow + I_2$$

析出的 I_2 用 $Na_2S_2O_3$ 标准溶液滴定，以淀粉为指示剂，间接测得铜的含量。

$$I_2 + 2S_2O_3^{2-} = S_4O_6^{2-} + 2I^-$$

$$2Cu^{2+} \sim I_2 \sim 2S_2O_3^{2-}$$

由于 CuI 沉淀表面会吸附一些 I_2，使滴定终点不明显，并使分析结果偏低，可在大部分 I_2 被滴定后，再加入少量 KSCN，使 CuI 沉淀转化为更难溶的 CuSCN 沉淀，被 CuI 吸附的 I_2 从沉淀表面解吸出来，可以提高测定结果的准确度。

$$CuI + SCN^- = CuSCN + I^-$$

$$I_2 + 2SCN^- = (SCN)_2 + 2I^-$$

KSCN 应在接近终点时加入，否则 KSCN 会还原大量存在的 I_2，致使测定结果偏低。

Fe^{3+} 能氧化 I^-，对测定结果有干扰，可加入 NH_4HF_2 掩蔽，同时 NH_4HF_2 又是一种很好的缓冲溶液，能将 pH 控制在 3～4 之间。

硫代硫酸钠（$Na_2S_2O_3 \cdot 5H_2O$）中常含有 S^{2-}、$S_2O_3^{2-}$ 等杂质，且易风化、潮解；$Na_2S_2O_3$ 标准溶液不稳定，易分解：

$$Na_2S_2O_3 \xrightarrow{\text{细菌}} Na_2SO_3 + S\downarrow$$

$$2Na_2S_2O_3 + O_2 \longrightarrow 2Na_2SO_4 + 2S\downarrow$$

$$Na_2S_2O_3 + CO_2 + H_2O \longrightarrow NaHCO_3 + NaHSO_3 + S\downarrow$$

因此，配制 $Na_2S_2O_3$ 溶液时，应当用新煮沸并冷却的去离子水溶解，并加入少量 Na_2CO_3 使溶液呈弱碱性，溶液应贮存于棕色瓶中，置于暗处几天，待其浓度稳定后，再进行标定。标定 $Na_2S_2O_3$ 溶液可用 $K_2Cr_2O_7$、KIO_3 等基准物质。标定均采用间接滴定法进行。以 $K_2Cr_2O_7$ 标定 $Na_2S_2O_3$ 的方法是先在酸性溶液中 $K_2Cr_2O_7$ 与过量 KI 反应，定量析出 I_2：

$$Cr_2O_7^{2-} + 6I^- + 14H^+ \longrightarrow 2Cr^{3+} + 3I_2 + 7H_2O$$

再以淀粉为指示剂，用 $Na_2S_2O_3$ 滴定：

$$I_2 + 2S_2O_3^{2-} \longrightarrow 2I^- + S_4O_6^{2-}$$

根据方程式可得出标准溶液与待测物之间物质的量比关系为：

$$Cr_2O_7^{2-} \sim 3I_2 \sim 6S_2O_3^{2-}$$

三、仪器和试剂

仪器：酸式滴定管，锥形瓶，烧杯，试剂瓶，量筒，容量瓶，移液管，台秤，电子天平。

试剂：$6\ mol \cdot L^{-1}$ HCl，10% KI，0.5% 淀粉，$2\ mol \cdot L^{-1}$ $Na_2S_2O_3$，$K_2Cr_2O_7$，10% KSCN，饱和 NH_4HF_2，胆矾试样。

四、实验内容与步骤

1. $0.1\ mol \cdot L^{-1}$ $Na_2S_2O_3$ 标准溶液的配制和标定

量取 15 mL $2\ mol \cdot L^{-1}$ $Na_2S_2O_3$ 溶液于试剂瓶中，加水稀释至 300 mL，摇匀，贴上标签备用。

准确称取 0.1～0.13 g $K_2Cr_2O_7$ 基准物质于 250 mL 碘量瓶中，加 20 mL 去离子水，5 mL $6\ mol \cdot L^{-1}$ HCl，10 mL 10% KI 溶液，摇匀，塞上塞子，置于暗处 5 min，待反应完全后加入 100 mL 去离子水，用待标定的 $Na_2S_2O_3$ 溶液滴定至稻草黄色，加入 2 mL 淀粉指示剂，继续滴定至呈现亮绿色即为终点，记录体积，计算 $Na_2S_2O_3$ 的浓度。

2. 胆矾中铜的测定

准确称取 1.5～2.0 g 胆矾试样于 100 mL 小烧杯中，加入 2 mL $1\ mol \cdot L^{-1}$ H_2SO_4，25 mL去离子水溶解后，定量的转入 100 mL 容量瓶中定容，摇匀。移取 20.00 mL 上述溶液于 250 mL 锥形瓶中，加水 30 mL，5 mL 饱和 NH_4HF_2 溶液及 10 mL 10% KI，用

$Na_2S_2O_3$标准溶液滴定至浅黄色，加 2 mL 淀粉指示剂继续滴定至浅蓝色，再加 10 mL 10% KSCN，稍用力摇动锥形瓶，继续滴定至蓝色刚刚消失即为终点，记录体积，平行测定 3 次，计算试样中铜的质量分数。

五、数据记录与处理

1. $Na_2S_2O_3$浓度的标定

	1	2	3
$m(K_2Cr_2O_7)$/g			
$V_{终}(Na_2S_2O_3)$/mL			
$V_{始}(Na_2S_2O_3)$/mL			
$V(Na_2S_2O_3)$/mL			
$c(Na_2S_2O_3)/(mol\cdot L^{-1})$			
$\bar{c}(Na_2S_2O_3)/(mol\cdot L^{-1})$			
相对平均偏差			

$$c(Na_2S_2O_3)=\frac{6m(K_2Cr_2O_7)}{M(K_2Cr_2O_7)V(Na_2S_2O_3)}$$

2. 胆矾中铜含量的测定

	1	2	3
m(胆矾)/g			
V(胆矾)/mL			
$V_{终}(Na_2S_2O_3)$/mL			
$V_{始}(Na_2S_2O_3)$/mL			
$V(Na_2S_2O_3)$/mL			
$\omega(Cu)$			
$\bar{\omega}(Cu)$			
相对平均偏差			

$$\omega(Cu)=\frac{c(Na_2S_2O_3)V(Na_2S_2O_3)M(Cu)}{m_{试样}\times\frac{20.00}{100.0}}$$

六、注意事项

1. 锥形瓶的摇动要慢。
2. 淀粉指示剂需在滴定快接近终点时加入。

七、思考题

1. 在胆矾测定实验中，KI 的作用是什么？
2. 为什么要加入 KSCN？为什么不能过早加入？
3. 用 $K_2Cr_2O_7$ 标定 $Na_2S_2O_3$ 浓度时为什么要在暗处放置 5 min？滴定时为什么要稀释？

实验 6.10　蘑菇中游离 α-氨基酸含量的测定

一、实验目的

1. 了解分光光度计测定游离 α-氨基酸的原理与方法。
2. 掌握分光光度计的使用方法。

二、实验原理

α-氨基酸在 pH= 5.0 的溶液中与茚三酮共热时，与茚三酮作用生成蓝紫色化合物，反应如下：

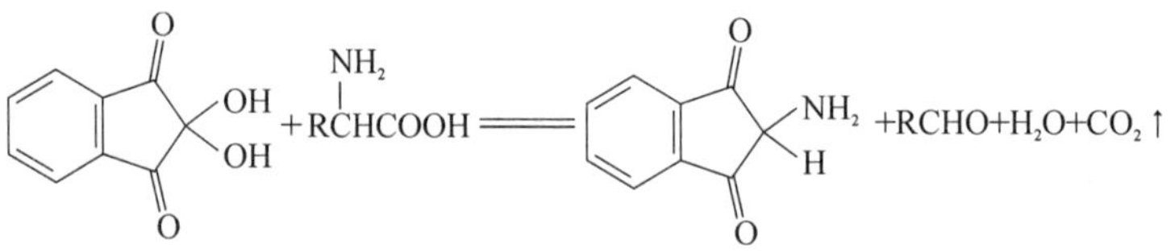

(水合茚三酮)　　(氨基茚三酮)

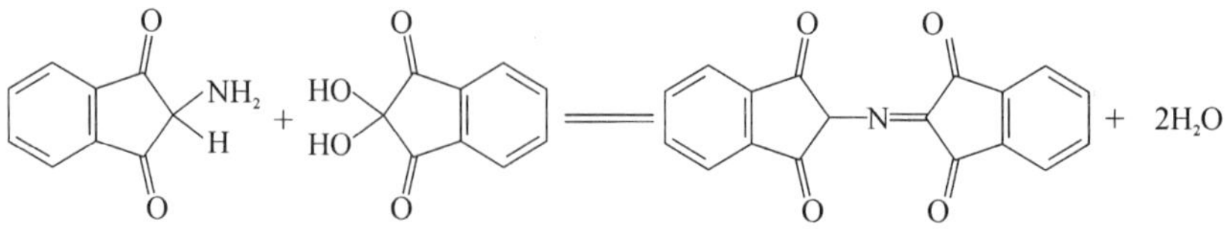

(茚三酮)　　(蓝紫色化合物)

该蓝紫色化合物的最大吸收波长为 570 nm，吸光度与 α-氨基酸含量成正比，可用分光光度法测定。

三、仪器和试剂

仪器：722 型分光光度计或其他型号的分光光度计、恒温水浴锅、漏斗、研钵、比色管(25 mL，10 支)、移液管(5 mL，6 支)。

试剂：pH＝ 5.0 缓冲液：取 4.74 g 柠檬酸及 9.48 g 柠檬酸钠，溶于 500 mL 去离子水中。1%水合茚三酮溶液：将 1.0 g 水合茚三酮溶于 100 mL 95%乙醇中摇匀，置于棕色瓶，冰箱保存备用。0.1%抗坏血酸(维生素 C)溶液：取 50 mg 抗坏血酸溶于 50 mL 去离子水中，随用随配。氨基酸标准溶液：称取 0.153 7 g 于 80 ℃烘干的 98%谷氨酸钠，溶于 50 mL pH＝5.0 的缓冲溶液中，转入 500 mL 容量瓶中，用 pH＝5.0 的缓冲溶液定容摇匀，即得氨基氮含量为 25.0 ml · L^{-1}的标准溶液。

四、实验内容与步骤

1. 样品中游离 α-氨基酸的提取

称取 1.00～1.50 g 新剪碎的鲜蘑菇片，放入研钵中，加入 2 mL 去离子水，研磨成匀浆后转入编号为 7 的 25 mL 比色管中，用 6 mL 左右去离子水分三次洗涤研钵，洗涤液全部转入 7 号管中，再置于 80 ℃水浴锅内加热 10 min 后取出冷却，用去离子水稀释至 25 mL，摇匀。将 7 号管中溶液过滤，滤液入 8 号比色管备用。滤纸和 8 号比色管均需干燥。

2. 标准曲线的制作

在 6 支编号为 1～6 号 25 mL 比色管中，按如下顺序与用量加入试剂，配制标准溶液系列(表 6－1)。

表 6－1　制作标准曲线的实验数据

比色管号	1	2	3	4	5	6
V(标)/mL	0	0.50	1.00	1.50	2.00	2.50
V(缓)/mL	3.0	2.5	2.0	1.5	1.0	0.5
V(茚)/mL	2.0	2.0	2.0	2.0	2.0	2.0
维生素 C/滴	4	4	4	4	4	4
氨基氮(μg · 管$^{-1}$)	0	12.5	25.0	37.5	50.0	62.5
吸光度 A						

摇匀后，将上述 6 支比色管置于 80 ℃水浴锅内恒热 15 min，取出，用流水冷却，用 pH＝ 5.0 缓冲溶液定容至 25 mL，摇匀。

以 1 号管中溶液为参比溶液，用 1 cm 比色皿在 570 nm 处测定 2～6 号管中溶液的吸光度，填入上表。然后以氨基氮含量为横坐标，以吸光度为纵坐标绘制标准曲线。

3. 样品测定

从 8 号管中吸取 1.00 mL 滤液置于编号为 9 的 25 mL 比色管中，再向 9 号管中依次加入 3.0 mL 缓冲溶液、2.0 mL 水合茚三酮溶液和 4 滴抗坏血酸，摇匀后将 9 号管置于 80 ℃水浴锅内恒温 15 min，取出，用流水冷却，用缓冲溶液稀释至 25 mL，摇匀。

以 1 号管中溶液为参比，在与标准曲线制作相同的测量条件下测定 9 号管中溶液的吸光度，从标准曲线上查出对应的氨基氮含量，按下式计算样品中氨基氮含量：

$$每千克鲜样氨基氮含量(mg)=\frac{\frac{25.0}{1.00}\times K}{m}$$

式中，K 为查标准曲线所得氨基氮含量（μg）；m 为样品称取量（g）。因样品含多种 α-氨基酸且相对分子质量各异，故用氨基氮含量表示。

五、注意事项

1. 显色反应温度应控制在 85 ℃以内，否则溶液易褪色；显色反应完成后在 50 min 内测完，否则溶液也会逐渐褪色。
2. 加维生素 C 可减少空气中 O_2 对显色的影响，但维生素 C 用量应严格控制。
3. 实验用水最好是无氨去离子水。
4. 水合茚三酮溶液不要溅到皮肤上。

六、思考题

1. 简述 722 型分光光度计的操作步骤。
2. 实验过程中为何最好使用无氨去离子水？
3. 应用标准曲线法定量分析时应注意什么？

实验 6.11　分光光度法测定甲基橙的解离常数

一、实验目的

1. 了解分光光度法测定解离常数的基本原理，利用分光光度法测定甲基橙的解离常数。
2. 了解分光光度法在研究溶液平衡中的应用。

3. 熟练掌握分光光度计的使用。

二、实验原理

甲基橙是一种常用的酸碱指示剂，是有机碱，因其酸式型体（用 HIn 表示）和碱式型体（用 In^- 表示）均有颜色而称为双色指示剂。其颜色和结构随水溶液 pH 而变化，pH＜2.4 时为酸型醌式结构，呈红色；pH＞4.4 时为碱型偶氮式结构，呈黄色：

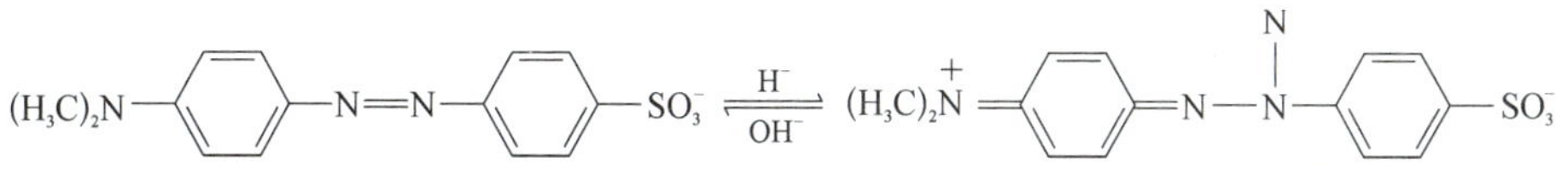

碱型(偶氮式)　　黄色　　　　　　酸型(醌式)　红色

甲基橙溶液的颜色取决于酸型和碱型的浓度比例，酸型和碱型具有不同的吸收光谱，可选择两者有最大吸收差的波长 520 nm 左右进行测量。

甲基橙指示剂在水溶液中存在如下平衡：

$$\mathrm{HIn} \rightleftharpoons \mathrm{H^+} + \mathrm{In^-}$$

$$K_a^\ominus(\mathrm{HIn}) = \frac{\{c(\mathrm{H^+})\}\{c(\mathrm{In^-})\}}{\{c(\mathrm{HIn})\}} \tag{1}$$

$$\mathrm{p}K_a^\ominus(\mathrm{HIn}) = \mathrm{pH} + \lg\frac{\{c(\mathrm{HIn})\}}{\{c(\mathrm{In^-})\}} \tag{2}$$

pH 由酸度计测得，$\frac{\{c(\mathrm{HIn})\}}{\{c(\mathrm{In^-})\}}$ 可从溶液的吸光度获得。实验时，配制甲基橙总浓度相同，pH 不同的三个溶液。pH＜2.4 的溶液中主要以酸式型体 HIn 存在，设在 $\lambda=520$ nm附近处的吸光度为 A_{HIn}：

$$A_{\mathrm{HIn}} = \varepsilon_{\mathrm{HIn}} c_{总} \tag{3}$$

pH＞4.4 的溶液中主要以碱式型体 In^- 存在，设在 $\lambda=520$ nm 附近处的吸光度为 $A_{\mathrm{In^-}}$：

$$A_{\mathrm{In^-}} = \varepsilon_{\mathrm{In^-}} c_{总} \tag{4}$$

在 pH 为 2.4～4.4 之间的缓冲溶液中，甲基橙的酸式、碱式两种型体共存。当两种吸光物质间不发生相互作用时，吸光度具有加和性，此时吸光度 A 值为

$$A = A_{\mathrm{HIn}} + A_{\mathrm{In^-}} = \varepsilon_{\mathrm{HIn}} c(\mathrm{HIn}) + \varepsilon_{\mathrm{In^-}} c(\mathrm{In^-}) \tag{5}$$

$$c_{总} = c(\mathrm{HIn}) + c(\mathrm{In^-}) \tag{6}$$

将(3)、(4)代入(5)：
$$A = \frac{A_{\mathrm{HIn}}}{c_{总}} c(\mathrm{HIn}) + \frac{A_{\mathrm{In^-}}}{c_{总}} c(\mathrm{In^-}) \tag{7}$$

由(6)和(7)运算可得到
$$\frac{c(\mathrm{HIn})}{c(\mathrm{In^-})} = \frac{A - A_{\mathrm{In^-}}}{A_{\mathrm{HIn}} - A} \tag{8}$$

将(8)代入(2)：$$pK_a^{\ominus}(HIn)=pH+\lg\frac{A-A_{In^-}}{A_{HIn}-A}$$

三、仪器和试剂

仪器：722 型分光光度计，pHS－3C 型酸度计，50 mL 容量瓶，1 mL 吸量管，5 mL 吸量管。

试剂：2.0×10^{-4} mol·L^{-1} 甲基橙（钠盐）溶液，1.0 mol·L^{-1} 邻苯二甲酸氢钾溶液，1.0 mol·L^{-1} Na_2HPO_4 溶液，1.0 mol·L^{-1} HCl 溶液。

四、实验内容与步骤

1. 在 3 个编号的 50 mL 容量瓶中，各加入 5.00 mL 甲基橙溶液，1 号加 1.0 mLHCl 溶液，2 号加 1.0 mL 邻苯二甲酸氢钾溶液，3 号加 1.0 mL Na_2HPO_4 溶液，将各溶液用水稀释至刻度，摇匀备用。

2. 用 pH 计精确测定各溶液的 pH。

3. 以去离子水做参比，用 1 cm 的比色皿，在波长 450～600 nm 之间每隔 10 nm 测一次吸光度差，找出吸光度差值最大的波长作为测定波长。

4. 以去离子水做参比，用 1 cm 比色皿，在找出的测定波长处测定 1＃、2＃、3＃溶液的吸光度。

5. 用测得的吸光度值和 pH 值，计算甲基橙的解离常数 K_a。

五、注意事项

1. pH 计的测定应精确到小数点后第二位。

2. 溶液的配制将直接影响测定结果，容量瓶中甲基橙的含量尽可能相同。

六、思考题

1. 在测定甲基橙的解离常数时，酸式和碱式是如何得到的？

2. 为什么实验中要求甲基橙浓度要一致？本实验中甲基橙储备液浓度为 2×10^{-4} mol·L^{-1}，配制时需十分准确吗？

第7章　基础有机化学实验

实验7.1　蒸馏、分馏与化合物沸点的测定

一、实验目的

1. 学习蒸馏、分馏分离液体有机物的基本原理。
2. 掌握蒸馏装置和分馏装置的基本操作方法。
3. 了解测定沸点的意义、原理和方法。

二、实验原理

一定温度下，液面都会从其表面逸出一些溶剂分子在空间形成蒸气，建立如下平衡：

$$液体(l) \rightleftharpoons 蒸气(g)$$

如果液面上的空间是密闭的，蒸气将达到一个恒定的平衡压力，这个压力称为饱和蒸气压。这种情况下，逸出形成蒸气的溶剂的量将正好等于冷凝成液体的蒸气的量。蒸气压大小与溶剂的本性和温度有关。温度愈高，分子逸出变成蒸气的倾向愈大，蒸气压将愈高。在敞开的容器中，蒸气压可以增加到与大气压刚好相等而不再升高，此时液体将沸腾。在大气压下液体沸腾时的温度称为沸点。

蒸馏就是将液体有机化合物加热到沸腾变为蒸气，再将蒸气冷凝为液体这两个过程的联合操作。蒸馏不但可以用于将沸点相差较大(至少30 ℃以上)的液体混合物分离，而且也是测定有机物沸点的常用方法。

在利用蒸馏分离液体混合物的过程中，蒸气中高沸点组分遇冷易冷凝成液体流回到烧瓶中，而低沸点组分遇冷较难冷凝而被大量蒸出。此时，温度在一段时间内变化不大，直到烧瓶中低沸点组分极少时，温度才迅速上升，随后高沸点组分被大量蒸出，而难挥发性杂质则留在烧瓶中。因此，收集某一稳定温度范围的馏出液，就可初步将混合物分开，达到分离纯化的目的。

馏分的沸程越窄，表示馏分的纯度越高，纯液体有机物在蒸馏过程中沸点变化范围很小(0.5～1.0 ℃)，因此可利用蒸馏进行液体有机物沸点的测定。

分馏与蒸馏相似，实质上是将多次反复的蒸馏过程集中在一根分馏柱内进行的操作。利用分馏柱能使两种或者两种以上沸点接近的混合物分离。当沸腾的混合物蒸气进入分馏柱时，由于沸点较高的组分易被冷凝，所以冷凝液中就含有较多的高沸点组分，而蒸气中低沸点的组分就相应地增多。当冷凝液向下回流时与上升的蒸气接触，两者之间进行热交换，又使上升蒸气中的高沸点组分冷凝下来，低沸点组分仍呈蒸气上升，同时冷凝液中的低沸点组分再次受热汽化，而高沸点组分仍是液态，如此反复气、液两相间的热交换，上升蒸气不断地在分馏柱中冷凝和蒸发，而每一次冷凝和蒸发都使蒸气中低沸点组分含量逐步提高。一次分馏相当于连续多次蒸馏，因此，分馏能更有效地分离沸点接近的有机物混合液体。

三、仪器和试剂

仪器：电热套、100 mL 圆底烧瓶、蒸馏头、温度计(150 ℃)、直形冷凝管、100 mL 锥形瓶、分馏柱、接引管、10 mL 量筒、50 mL 量筒、铁夹、十字头、升降台、多功能铁架台。

试剂：50％乙醇、去离子水、沸石。

四、实验内容与步骤

1. 50％乙醇和去离子水的蒸馏

在 100 mL 的圆底烧瓶中，加入 50 mL 50％乙醇(或去离子水)和 2～3 粒沸石。按蒸馏装置图从热源开始，安装装置，调整好温度计的位置，使其水银球上沿和蒸馏头侧管的下沿在同一水平线上，按“下口进上口出”的方式通冷凝水。开始加热，仔细观察蒸气上升情况及温度计读数的变化。当瓶内液体沸腾时，蒸气逐渐上升，当达到温度计水银球时，温度计读数急剧上升。随后，蒸气进入冷凝管被冷凝为液体滴入接收器中，记录第一滴馏出液滴入接收器时的温度，控制加热速度，使从冷凝管流出液滴的速度为 1～2 滴/秒，以后每隔 3 分钟记录一次温度，当圆底烧瓶中仅残留少量液体时，停止加热，记录该馏分的沸程(从开始收集该馏分第一滴到最后一滴馏出液时对应的温度)。比较蒸馏 50％乙醇和去离子水的沸程长短。

2. 50％乙醇的分馏

在 100 mL 的圆底烧瓶中，加入 50 mL 50％乙醇和 2～3 粒沸石。安装分馏装置，安装仪器原则与蒸馏装置相同(操作时应注意勿使分馏柱的支管折断)。开始加热稍快些，待液体开始沸腾，蒸气进入分馏柱时，调节加热温度，使蒸气环缓慢而均匀地沿分馏柱管壁上升，当蒸气上升至分馏柱顶部至开始有液体馏出时，调节加热温度，控制馏出液流出速度为 1 滴/2～3 秒，分别收集 82 ℃以下，82～88 ℃，88～95 ℃三个温度段的馏分，至 95 ℃ 停止加热，并将残液作为第四部分(即 95 ℃以上的馏分)。分别用量筒量取各部分液体的体积，并将结果记录于表格中。

五、数据记录与处理参考格式

1. 50%乙醇和去离子水

时间/min	0(第一滴馏出液)	3	6	9	……	沸程/℃
温度/℃(50%乙醇)						
温度/℃(去离子水)						

2. 50%乙醇的分馏

馏液部分	温度/℃	馏出液体积/mL
一	82 以下	
二	82～88	
三	88～95	
四	95 以上	

六、注意事项

1. 在开始加热后发现忘记加沸石，应立刻停止加热，待溶液冷却一段时间后再补加沸石。千万不要在沸腾或接近沸腾的溶液中加入沸石，以免在加入沸石的过程中发生溶液暴沸。

2. 蒸馏和分馏效果好坏与操作条件有直接关系，其中最主要的是控制馏出液流出速度，蒸馏以 1～2 滴/秒为宜，分馏以 1 滴/2～3 秒为宜，不能太快，否则达不到分离要求。

3. 分馏时必须尽量减少分馏柱的热量损失和波动，必要时分馏柱的外围可用石棉绳包住，这样可以减少分馏柱热量的散失；减少风和室温的影响也能减少热量的损失和波动，均匀加热，使分馏操作平稳地进行。

4. 如果维持原来加热程度，不再有馏出液蒸出，温度突然下降时，就应停止蒸馏，即使杂质量很少也不能蒸干，特别是蒸馏低沸点液体时更要注意不能蒸干，否则易发生意外事故。蒸馏完毕，先停止加热，等没有蒸气后停止通冷却水，拆卸仪器，其程序和安装时相反。

七、思考题

1. 蒸馏时加入沸石，为什么能防止溶液暴沸？如果加热一段时间后，发现未加入沸石，应该怎样处理才安全？

2. 为什么蒸馏 50%的乙醇溶液时，馏出温度不断变化？而纯水的馏出温度恒定？

3. 蒸馏与分馏有何区别？

4. 今有水与甘油(沸点 290 ℃,溶于水)的溶液,苯(沸点 88 ℃)与氯仿(沸点 61 ℃)的溶液,可用什么方法将其分离?为什么?

实验 7.2　有机物熔点的测定

一、实验目的

1. 理解熔点测定的原理和意义。
2. 掌握测定熔点的方法和技术。

二、实验原理

熔点是在一定外压下晶体物质与其液态呈平衡时的温度,这时固相和液相的蒸气压相等。图 7-1 是一种物质固相的蒸气压随温度变化的曲线和液相的蒸气压随温度变化的曲线,由于固相的蒸气压随温度变化的速度大于液相,最后两曲线相交于 M 点。在 M 点处,固液两相蒸气压相等,固液两相共存,这时的温度(T_m)即为该物质的熔点。不同的化合物有不同的 T_m 值。当温度高于 T_m 时,固相全部转变为液相;低于 T_m 时,液相全转变为固相。只有固液相并存时,固相和液相的蒸气压才是一致的,这是纯物质有固定而又敏锐熔点的原因。

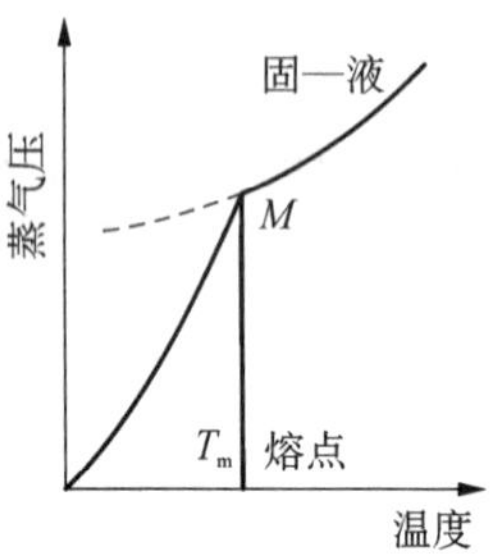

图 7-1　物质的温度与蒸气压的关系图

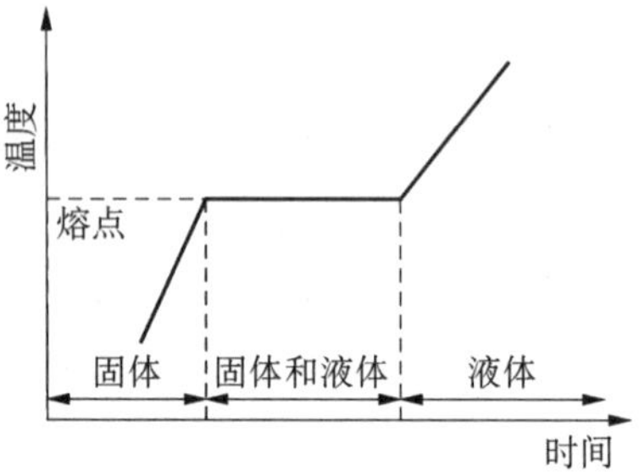

图 7-2　纯物质加热时温度随时间的变化曲线

加热纯固体化合物时,在一段时间内温度上升,固体不熔。当固体开始熔化时温度不会上升,直至所有固体都转变为液体后温度才上升。反过来,当冷却一种纯液体化合物时,在一段时间内温度下降,液体未固化。当开始有固体出现时,温度不会下降,直至液体全部固化后温度才会下降。因此,在一定压力下,一般纯固体都有一个固定的熔点,而且其熔点与凝固点是一致的。固体从初熔到全熔的温度范围称为"熔程"。纯的固体有机化合物的熔程一般在 0.5～1.0 ℃(图 7-2)。

当化合物中混有可熔性杂质时,熔程变长,熔点下降。当测量两种化合物是不是同一化合物时,可以将两种固体混合,测定混合物的熔点,测定时,至少要按 1∶9、1∶1、9∶1

三组比例混合。若它们是相同的化合物，则三种不同比例的混合物其熔点是一致的，而且熔程正常。若是不同的化合物，则熔程长，不同比例混合物的熔点应不相同。

故测定熔点对于鉴定纯粹有机物和定性判断固体有机物的纯度有很大的价值。

三、仪器与试剂

仪器：提勒(Thiele)管(也称为 b 形管)、毛细管(熔点管)、玻璃管(长约 45cm)、显微熔点测定仪、150 ℃温度计、表面皿、玻璃钉。

试剂：苯甲酸(熔点 122.4 ℃)、乙酰苯胺(熔点 114.3 ℃)、混合物、液体石蜡。

四、实验内容与步骤

1. 试样的装填

用毛细管法测定的熔点，除了受样品纯度的影响外，还受到晶体颗粒的大小、样品的多少、装入毛细管中样品的紧密程度，以及加热液体浴的速度等因素的影响。

分别取少量(0.2 g 左右)干燥的待测试样放在洁净的表面皿上，用玻璃钉将其研成粉末后堆成小堆，将毛细管开口的一端垂直插入样品堆中，即有少许样品挤入毛细管中，然后将毛细管开口端向上，在桌面上轻轻顿几下，使样品掉入管底。取一根长约 40～50 cm 的玻璃管垂直立于桌面上，将装有样品的毛细管从玻璃管上端自由落下多次，使样品填充均匀而且紧密。重复取样操作，直至有 2～3 mm 粉末样品紧密装入毛细管底部，擦掉黏附在管外的样品，以免玷污加热浴液。装填样品如有空隙会使传热不均匀，影响测定结果。每种试样应准备 4～5 支。

将三份试样(苯甲酸、乙酰苯胺、未知物)装填好。

2. 用提勒管(b 形管)测定

将 b 形管固定于铁架台上，倒入液体石蜡作为载热体，载热体的用量以略高于 b 形管的侧管上口为宜。载热体又称为浴液，可根据所测物质的熔点不同选择不同的液体，一般用石蜡、硫酸、硅油等。

将装有样品的熔点管用橡皮圈固定于温度计旁边(注意勿使橡皮管触及浴液)，使熔点管的装样品部分位于水银球的中部，然后将带有熔点管的温度计通过有缺口的软木塞小心地插入 b 形管内，调至水银球在侧管上下两叉口中间处。

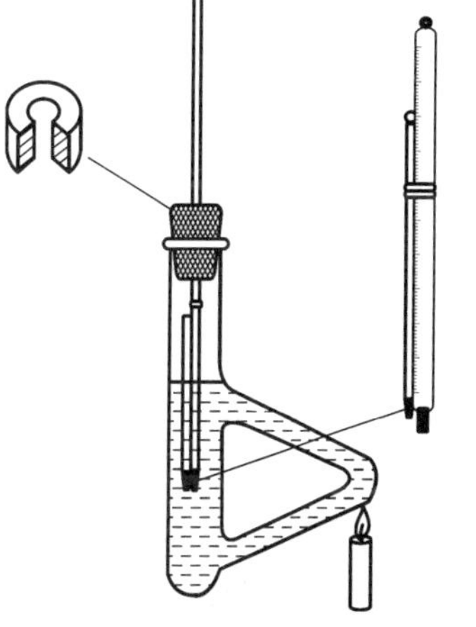

图 7-3　b 型管测定熔点的装置图

(1) 粗测

若测定未知物的熔点，应先粗测一次，粗测加热可稍快，升温速度大约为 5～6 ℃/min，到样品熔化，记录近似熔点值。

(2) 精确测定

精确测定前，先将热浴温度降至熔点温度 30 ℃以下，用新的样品管，用酒精灯外焰在提勒管弯曲支管的底部加热。慢慢加热，开始阶段升温速度稍快，可先以较快的速度加热，在距离熔点 15～20 ℃时，应以 1～2 ℃/min 的速度加热，越接近熔点，升温速度越慢(掌握升温速度是测准熔点的关键)，即变为更小的升温速度(每分钟小于 1 ℃)加热，直到测出熔程。测定时，应观察和记录样品开始塌落并有液相产生时(初熔)和固体完全消失时(全熔)的温度读数，所得数据即为该物质的熔程。在测定过程中，还要观察记录加热过程中，试样是否有萎缩、变色、发泡、升华等现象，以供分析参考。熔点测定至少要有 2 次重复数据。

测定苯甲酸、乙酰苯胺、未知物的熔点，每个样品重复测定 2 次。

3. 用显微熔点仪测定

以 X－4A 显微熔点测定仪使用为例。

接通电源，开关打到加热位置，从显微镜中观察热台中心光孔是否处于视场中，若左右偏，可左右调节显微镜来解决。前后不居中，可以松动热台两旁的两只螺钉(注意不要拿下来，只要松动就可以了)，前后推动热台，使热台中心光孔处于视场中，随即锁紧两只螺钉。

测定前调整升温速率，通过调节粗调旋钮和微调旋钮试验出每分钟升温 5～6 ℃和每分钟升温 1 ℃ 时，粗调旋钮和微调旋钮需调节到的数字位置。

把毛细管样品端插入热台孔到底即可(注意不要把熔点管折断)，若其位置不对，将影响测量准确度。调节物镜和目镜，使显微镜焦点对准样品，直至能清晰看见样品的棱角。开启开关至加热位置，先快速后慢速加热，开始时升温速率为每分钟 5～6 ℃，当温度升至距熔点 15～20 ℃时，控制温度上升的速度为每分钟 1～2 ℃，越接近熔点，升温速度越慢，最后使得升温速度为小于 1 ℃/min。当样品结晶棱角开始变圆时，表示熔化已开始即初熔，此时的温度为初熔温度；结晶形状完全消失成液态表示熔化已完成，此时的温度为全熔温度。关闭加热开关。

在重复测量时，先将开关打到中间位置，开启小风扇散热。等热台温度降下来后，放入装样品的毛细管，开关打到加热档，即可进行重复测量。

4. 温度计校正

为了进行准确测量，应对所有温度计进行校正。校正温度计的方法有比较法和定点法两种。

比较法　选一支标准温度计与要进行校正的温度计在同一条件下测定温度，比较其所指示的温度值。

定点法　选择数种已知准确熔点的标准样品，测定它们的熔点，以观察到的熔点(t_2)为纵坐标，以此熔点(t_2)与准确熔点(t_1)之差(Δt)作为横坐标，如图 7－4 所示，从图中求得校正后的正确温度误差值，例如测得的温度为 100 ℃，则校正后应为 101.3 ℃。

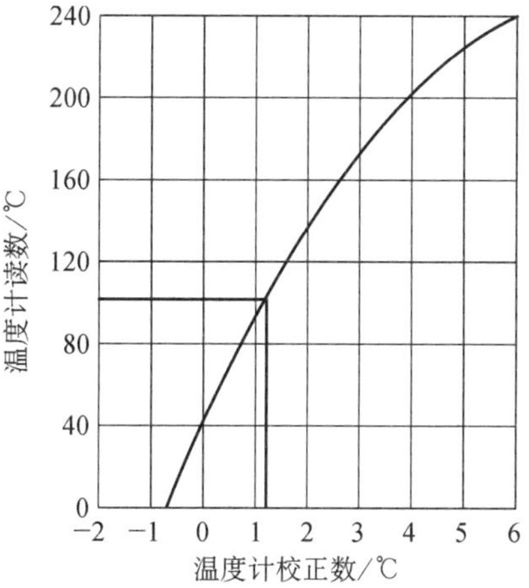

图 7－4　定点法温度计刻度校正示意图

表 7－1　一些有机化合物的熔点

样品名称	熔点/℃	样品名称	熔点/℃
水-冰	0	*D*-甘露醇	168
对二氯苯	53.1	对苯二酚	173～174
对二硝基苯	174	马尿酸	188～189
邻苯二酚	105	对羟基苯甲酸	214.5～215.5
苯甲酸	122.4	蒽	216.2～216.4
水杨酸	159	乙酰苯胺	114.3

五、数据记录与处理参考格式

样品 A:苯甲酸;样品 B:乙酰苯胺;样品 C:A 与 B 的混合物

<table>
<tr><td>样品</td><td rowspan="4">毛细管法</td><td>第一次熔程测定</td><td>第二次熔程测定</td><td rowspan="4">显微熔点仪法</td><td>第一次熔程测定</td><td>第二次熔程测定</td></tr>
<tr><td>A</td><td></td><td></td><td></td><td></td></tr>
<tr><td>B</td><td></td><td></td><td></td><td></td></tr>
<tr><td>C</td><td></td><td></td><td></td><td></td></tr>
</table>

六、注意事项

1. 熔点管必须洁净。如含有灰尘等,能产生 4～10 ℃的误差。
2. 熔点管底未封好会产生漏管。
3. 样品粉碎要细,填装要实,否则产生空隙,不易传热,造成熔程变大。
4. 样品不干燥或含有杂质,会使熔点偏低,熔程变大。
5. 样品量太少不便观察,而且熔点偏低;太多会造成熔程变大,熔点偏高。

6. 升温速度应慢，让热传导有充分的时间。升温速度过快，熔点偏高。

7. 熔点管壁太厚，热传导时间长，会产生熔点偏高。

8. 用显微熔点仪测定要得到准确的熔点值，先用熔点标准物质进行测量标定。求出修正值(修正值＝标准值－所测熔点值，作为测量时的修正依据。注意：标准样品的熔点值应和所需的样品熔点值越接近越好。这时，样品的熔点值＝该样品实测值＋修正值)。在数字温度显示最小一位(如 7 和 8 之间跳动时)应读为 8.5 ℃。

七、思考题

1. 用 b 形管测熔点时，温度计的水银球及熔点管应处于什么位置？为什么？

2. 堆样品的表面皿，装样品的熔点管以及装紧样品时所用的长玻璃管若不够清洁、干燥，对所测熔点将产生什么影响？

3. 接近熔点时升温速度为什么要控制得很慢？如升温太快，对所测熔点将产生什么影响？

实验 7.3　苯甲酸的提纯

一、实验目的

1. 掌握重结晶操作的基本原理与操作过程。

2. 掌握热过滤的基本原理及操作，掌握菊花型滤纸的折叠。

3. 掌握减压过滤的特点及操作。

二、实验原理

粗苯甲酸中混有不溶性和可溶性杂质。根据苯甲酸中杂质在水中溶解度的不同及不同杂质在不同温度下溶解度不同，可以使不同杂质分离，获得纯净的苯甲酸晶体。不溶性杂质的去除可通过加热粗苯甲酸水溶液至沸腾，趁热进行过滤，可分离除去不溶性杂质；可溶性杂质(如硫酸钾、氯化钠等)的去除可利用重结晶法分离除去。重结晶法分离是利用同一温度下，溶液中所含物质到达饱和浓度的先后次序不同。因溶液中苯甲酸的量远大于其他杂质，并且在室温时苯甲酸溶解度远低于其他可溶性物质，降温后先得到苯甲酸晶体，少量可溶性的杂质由于尚未达到饱和则留在母液中，再通过减压过滤将苯甲酸和可溶性杂质分离出来，这就是重结晶分离可溶性杂质的原理。

三、仪器和试剂

仪器：100 mL 烧杯(2 只)，热水漏斗，布氏漏斗，吸滤瓶，天平，铁架台(含铁圈铁夹)，玻璃棒，酒精灯，循环水泵，滤纸，剪刀，三角架，石棉网等。

试剂：粗苯甲酸，活性炭。

四、实验内容与步骤

1. 称取 1 g 粗苯甲酸，放在 100 mL 烧杯中，加入 40 mL 去离子水加热至沸腾，搅拌使其完全溶解。稍冷，加入少量活性炭，搅拌后继续加热煮沸 5 min。

在热水漏斗中加水，加热至沸腾后，放入预先叠好的折叠滤纸，然后将上述溶液趁热过滤至一个洁净的小烧杯中，除去不可溶杂质。在过滤过程中，每次倒入的溶液不要太多或太少，以免溢出或很快滤干。与此同时，热水漏斗和未过滤的溶液应继续加热，以防冷却析出结晶。全部过滤完毕后，用少量热去离子水洗涤滤渣，滤液静置冷却使结晶析出（必要时可用冷水冷却）。

待结晶完全析出后，减压过滤，并用少量冷去离子水洗涤结晶，以除去结晶表面的母液。洗涤时，打开安全瓶活塞，加入少量冷去离子水，使结晶体均匀浸透，再抽滤至干。如此重复洗涤 2 次。

取出结晶，在 100 ℃以下烘干，称重，计算回收率。

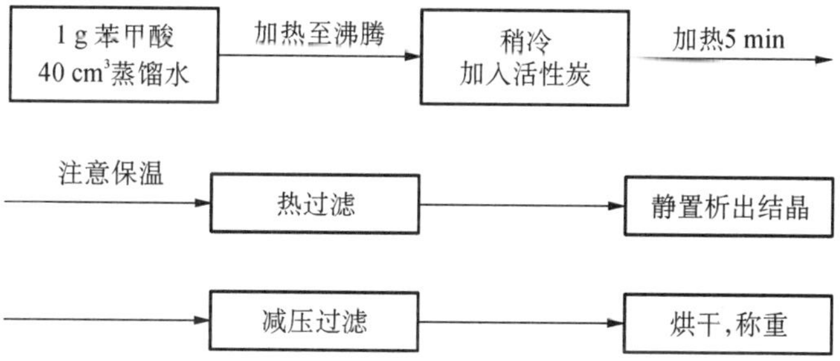

图 7－5　苯甲酸的提纯流程图

五、数据记录与处理

粗产品质量：________ g

提纯后产品质量：________ g

$$回收率=\frac{提纯后产品质量}{粗产品质量}\times 100\%$$

六、注意事项

1. 苯甲酸的溶解度（100 g 水中）：10 ℃时为 5.9 g，本实验 40 mL 去离子水是过量的，制得的热溶液是不饱和的，重结晶是为了防止热过滤时结晶提前析出，溶剂常过量 20％左右。

活性炭可吸附有色杂质，使用时应注意以下几点：一次用量不要过多，一般为粗样品的1%～5%。若使用太多，样品同样能够被吸附；如一次脱色不好，可多次重复；不能向正在或接近沸腾的溶液中加活性炭，以免溶液暴沸；活性炭在水和含羟基的溶剂中脱色效果较好，在非极性溶剂中较差。

2. 如果要获得大颗粒的结晶，需要将滤液在室温下放置，让其慢慢冷却。若冷却后仍无结晶析出，可采用下述方法处理：用玻璃棒摩擦容器内壁（造成粗糙面，提供结晶中心）；或加入少量结晶化合物的晶体（作晶种）；或用冰水浴冷却。

3. 减压过滤时，关闭水泵前，应先将吸滤瓶与水泵间的橡皮管拆开，否则水会倒流入吸滤瓶内。如果中间连有安全瓶，应先将安全瓶上的活塞打开，与大气相通，再关循环水泵。

七、思考题

1. 为什么使用热水漏斗？
2. 为什么使用菊花型滤纸？
3. 减压过滤有哪些优点？

实验 7.4　从烟草中提取烟碱

一、实验目的

1. 学习水蒸气蒸馏法分离提纯有机物的基本原理和操作技术。
2. 了解生物碱的提取方法和一般性质。

二、实验原理

烟碱又名尼古丁，是烟叶的一种主要生物碱，其结构式为

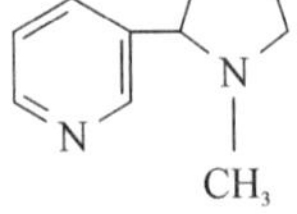

烟碱是含氮的碱性物质，很容易与盐酸反应生成烟碱的盐酸盐而溶于水。在提取液中加入强碱 NaOH 后可使烟碱游离出来。游离烟碱在 100 ℃左右具有一定的蒸气压（约 1 333 Pa），因此，可用水蒸气蒸馏法分离提取。

烟碱具有碱性，可以使红色石蕊试纸变蓝，也可以使酚酞试剂变红。可被 $KMnO_4$ 溶液氧化生成烟酸，与生物碱试剂作用产生沉淀。

三、仪器和试剂

仪器：圆底烧瓶(250 mL、100 mL)，长颈圆底烧瓶，直形冷凝管，球形冷凝管，玻璃管，玻璃直角弯管，锥形瓶，烧杯，水蒸气蒸馏头，量筒，螺旋夹，馏出液导出管，接液管，电热套，玻璃棒，滴管，试管，电子台秤等。

试剂：烟叶，HCl(10%)，NaOH(40%)，HAc(0.5%)，$KMnO_4$(0.5%)，Na_2CO_3(5%)，酚酞(0.1%)，饱和苦味酸，碘化汞钾，石蕊试纸。

四、实验内容与步骤

1. 烟碱的提取

称取 5 g 粉碎后的烟叶于 100 mL 圆底烧瓶中，加入 50 mL 10%HCl 溶液，装上球形冷凝管后，加热沸腾回流 20 min。待瓶中反应混合物冷却后倒入烧杯中，在不断搅拌下缓慢滴加 40%NaOH 溶液至呈明显的碱性(用石蕊试纸检验)。然后将混合物转入 250 mL 长颈烧瓶中，安装好水蒸气蒸馏装置进行水蒸气蒸馏，收集约 20 mL 提取液后，停止烟碱的提取。

2. 烟碱的一般性质

(1) 碱性试验：取一支试管，加入 10 滴烟碱提取液，再加入一滴 0.1%酚酞试剂，振荡，观察有何现象。

(2) 烟碱的氧化反应：取一支试管，加入 20 滴烟碱提取液，再加入 1 滴 0.5% $KMnO_4$ 溶液和 3 滴 5%Na_2CO_3溶液，摇动试管，微热，观察溶液颜色是否变化，有无沉淀产生。

(3) 与生物碱试剂反应：取一支试管，加入 10 滴烟碱提取液，然后逐滴滴加饱和苦味酸，边加边摇，观察有无黄色沉淀生成；另取一支试管，加入 10 滴烟碱提取液和 5 滴 0.5% HAc 溶液，再加入 5 滴碘化汞钾试剂，观察有无沉淀生成。

五、数据记录与处理

烟碱的一般性质实验结果

实验内容	实验现象	解释和反应方程式
10 滴烟碱提取液+10 滴 0.1%酚酞		
20 滴烟碱提取液+1 滴 0.5% $KMnO_4$ +3 滴 5%Na_2CO_3		
10 滴烟碱提取液逐滴滴加饱和苦味酸		
10 滴烟碱提取液+5 滴 0.5%HAc 溶液+5 滴碘化汞钾试剂		

六、思考题

1. 为何要用盐酸溶液提取烟碱？
2. 水蒸气蒸馏提取烟碱时，为何要用 40%NaOH 溶液中和至明显的碱性？
3. 与普通蒸馏相比，水蒸气蒸馏有何特点？

实验 7.5　乙酸乙酯的合成

一、实验目的

1. 掌握酯合成的一般原理和方法。
2. 掌握回流、蒸馏、洗涤、干燥等操作。

二、实验原理

在少量浓硫酸催化下，乙酸和乙醇发生酯化反应生成乙酸乙酯。

$$CH_3COOH + CH_3CH_2OH \xrightleftharpoons[110\sim120\ ℃]{H_2SO_4} CH_3COOC_2H_5 + H_2O$$

反应液中含有硫酸、未反应的乙酸、乙醇以及生成的水，为得到纯的产品，要经过洗涤、干燥、去离子等操作除去。

酯化反应是可逆的。为了提高酯的产率，根据化学平衡原理，可增加某一反应物的用量或减少生成物的浓度，以使平衡向生成 $CH_3COOC_2H_5$ 的方向移动。本实验采用加入过量 CH_3COOH 的方法。另外，浓 H_2SO_4 除起催化作用外，还能吸收反应生成的 H_2O，亦有利于酯化反应的进行。因反应物及产物沸点低于反应温度，为防止蒸气逸出，要用回流装置完成反应。

反应温度较高时，将有乙醚等副产物生成。

$$2CH_3CH_2OH \xrightleftharpoons[140\ ℃]{H_2SO_4} CH_3CH_2OCH_2CH_3 + H_2O$$

$$C_2H_5OH \xrightarrow{H_2SO_4} CH_2{=}CH_2 + H_2O$$

反应液中含有 H_2SO_4、未反应的 CH_3COOH、CH_3CH_2OH、副产物$CH_3CH_2OCH_2CH_3$以及生成的 H_2O，为得到纯的产品，要经过蒸馏、洗涤、干燥等操作除去。

三、仪器和试剂

仪器：圆底烧瓶（100 mL、50 mL），分液漏斗，球形冷凝管，直形冷凝管，接液管，温度计，锥形瓶，烧杯。

试剂：95%乙醇，浓硫酸，冰醋酸，无水硫酸钠，饱和氯化钙溶液，饱和碳酸钠溶液，沸石，饱和食盐水，蓝色石蕊试纸。

四、实验内容与步骤

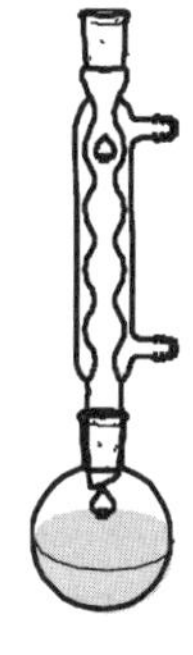

图 7－6
回流装置

1. 在 100 mL 的圆底烧瓶中，加入 28 mL 95%乙醇，30 mL 冰醋酸，摇动下慢慢加入 2.5 mL 浓硫酸使混合均匀，并加入 3～5 粒沸石。如图 7－5 所示，安装好回流装置[1]，小火加热反应混合物至沸腾，保持平稳回流约 30 min。反应结束后，停止加热，冷却后，将回流装置改为蒸馏装置，收集 80 ℃以下的馏分于锥形瓶中。

2. 向馏分中慢慢加入饱和碳酸钠溶液（约 10 mL）[2]，轻轻摇动锥形瓶，直到无二氧化碳气体逸出（用蓝色石蕊试纸或 pH 试纸检验，至酯层不再显酸性），然后将混合液转入分液漏斗中，分去下层水溶液。有机层依次用 10 mL 饱和食盐水洗涤二次，饱和氯化钙洗涤二次，每次 10 mL[3]。有机层倒入一干燥的锥形瓶中，用无水硫酸钠干燥[4]，放置 10～20 min，间歇摇动，直至液体透明。

3. 将干燥后的产物小心地转入 50 mL 圆底烧瓶中，安装好蒸馏装置，加热蒸馏，收集 73～78 ℃馏分，称量，计算产率。

纯乙酸乙酯为无色而有香味的液体，b.p.77.1 ℃，d_4^{20}0.900 3，n_D^{20} 1.372 3。

五、数据记录与处理参考格式

产品体积：________ mL

$$产率(\%)=\frac{实际产量}{理论产量}\times 100\%$$

附：物质的物理性质

物质	密度/(g/mL)	沸点/℃
乙醇	0.79	78.5
乙酸	1.05	118
乙酸乙酯	0.90	77

六、注意事项

1. 回流操作：① 装置正确（包括冷凝管夹持及位置、冷凝水走向等）；② 加沸石；③ 实验开始，先通冷凝水，再加热；④ 实验结束，先停止加热，再冷凝水。

2. 在馏出液中除了酯和水外，还含有少量未反应的乙醇和乙酸，也含有副产物乙醚。

故必须用碱除去其中的酸，并用饱和氯化钙除去未反应的醇。否则会影响酯的产率。

3. 当有机层用碳酸钠洗过后，如果直接用氯化钙溶液洗涤，会产生絮状碳酸钙沉淀，使分离变得困难，故两步操作间需用水洗。由于乙酸乙酯在水中有一定的溶解度，为了尽量减少损失，用饱和食盐水来代替水洗。

4. 乙酸乙酯与水或乙醇可分别生成共沸混合物，若三者共存，则生成三元共沸混合物。因此，有机层中的乙醇不除净或干燥不够时，由于形成低沸点共沸混合物，从而影响酯的产率。

七、思考题

1. 本实验为什么要用回流装置？
2. 酯化反应有何特点？在实验中采取了哪些措施使反应向生成酯的方向进行？
3. 蒸出的粗乙酸乙酯中主要有哪些杂质？如何除去？
4. 干燥剂能否用无水氯化钙代替无水硫酸钠？

实验 7.6 层析法分离天然色素

一、实验目的

1. 学习从胡萝卜中提取胡萝卜素的原理和方法。
2. 熟悉柱色谱的原理和应用。
3. 掌握柱色谱法分离天然色素的实验操作技术。

二、实验原理

胡萝卜中含有丰富的胡萝卜素，是β-胡萝卜素含量最高的蔬菜之一。β-胡萝卜素是500多种类胡萝卜素中的一种，是橘黄色脂溶性化合物，是一种重要的天然色素和营养强化剂，是维护人体健康不可缺少的营养素。β-胡萝卜素是不饱和碳氢化合物，难溶于甲醇、乙醇，可溶于乙醚、石油醚、正己烷、丙酮，易溶于氯仿、二硫化碳、苯等有机溶剂。

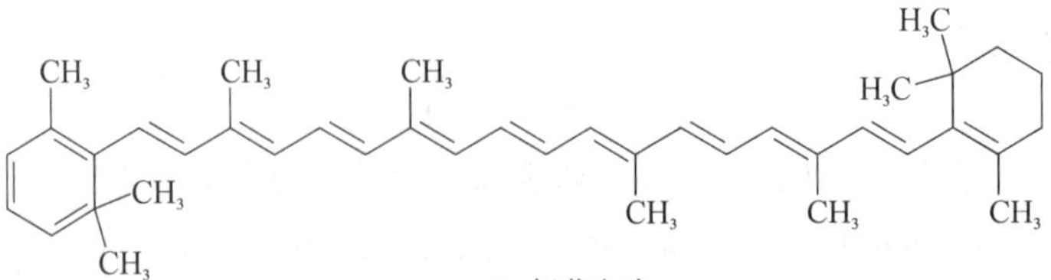

β-胡萝卜素

溶剂提取法是提取β-胡萝卜素最常用也最有效的方法之一，且所需仪器少，操作简单。由于胡萝卜组织中含有大量的水分，水溶性的萃取试剂如丙酮、甲醇等，可以使组织有效干燥脱水，使色素有效地被萃取出来，因此选择丙酮∶石油醚(V/V)为 1∶1 萃取溶剂。

硅胶层析法分离原理是根据物质在硅胶上的吸附力差异而使物质得到分离。整个层析过程是吸附、解吸、再吸附、再解吸过程。一般情况下极性较大的物质易被硅胶吸附，极性较弱的物质不易被硅胶吸附。分别收集各组分的洗脱液，通过薄层色谱鉴定，相同组分的收集液合并，回收溶剂，即可得到单一的纯物质，使各组分得到分离。

三、仪器和试剂

仪器：锥形瓶(50 mL)，分液漏斗(150 mL)，烧杯，研钵，平底烧瓶(500 mL)，圆底烧瓶，旋转蒸发仪，普通漏斗，量筒，色谱柱，硅胶薄层板，层析缸，试管，胶头滴管等。

试剂：胡萝卜，食盐，石油醚(bp30～60 ℃)，硅胶(层析用，200～300 目)，无水硫酸钠，石油醚(bp60～90 ℃)。

四、实验内容与步骤

1. β-胡萝卜素的提取

鲜胡萝卜洗净、擦干，切去尾部，切碎为 1 mm 左右的小块，称取碎胡萝卜 200 g 及 2 g 食盐于研钵中，进行研磨。将研成泥状的胡萝卜用玻璃漏斗转移至已称重的 500 mL 平底烧瓶(m_1)中，称重(m_2)。配好 1∶1 丙酮∶石油醚(V/V)共 300 mL，取少量清洗研钵，重复三次，将液体转移至平底烧瓶，玻璃漏斗同样洗涤三次，将剩下的液体全部倒入平底烧瓶中，封口，冷浸，过夜。

2. β-胡萝卜素的萃取与浓缩

将提取液用普通漏斗过滤，收集到的滤液转移到分液漏斗中，用饱和食盐水洗涤，充分振荡，静置分层，下层为水层及乳化层，从下口流出，收集于锥形瓶中，重复上述操作两次。有机溶剂层从上口倒出，收集于干燥的圆底烧瓶中，再向下层液体中加入 20 mL 石油醚，萃取两次，得到的有机溶剂与之前的有机溶剂混合，旋干，得到β-胡萝卜素的浓缩液，称重。

3. β-胡萝卜素的柱层析

装柱：取一根色谱柱，用少许脱脂棉塞在色谱柱底部，量取样品量 50～70 倍的硅胶于烧杯中，加入 1.5 到 2.0 倍的石油醚，充分搅拌，制成浆状，用玻璃漏斗小心缓慢地将浆状物移入色谱柱中，边加边用洗耳球轻轻敲打，将浆状物都转移到色谱柱后，打开活塞，加入过量的洗脱液石油醚(bp 60～90 ℃)，加压，同时用洗耳球轻轻敲打，使装填均匀紧密，待

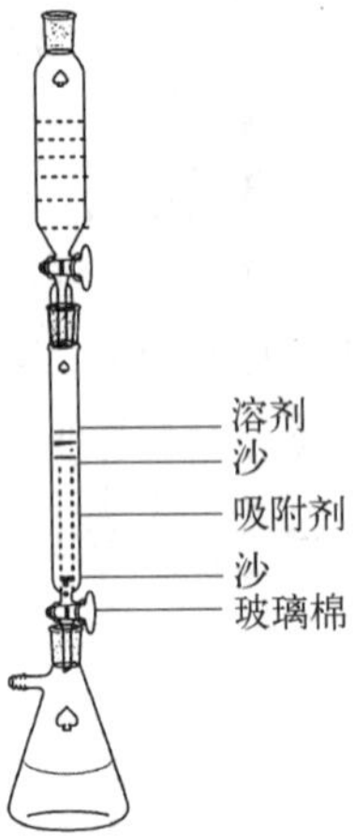

图 7－7
柱层析装置图

液面高出柱面一点点，停止加压，如图 7－7 所示。

上样：用 5 mL 石油醚溶解 β－胡萝卜素的浓缩液，用胶头滴管沿柱的四周缓慢加入样液，直至样品完全加入，用 1 mL 石油醚洗涤圆底烧瓶两次，重复上述加样方法。

洗脱：待样品溶液全部下降到硅胶表面上 1 cm 处后，用石油醚（bp 60～90 ℃）作洗脱剂进行洗脱，加压，调节活塞，控制洗脱速度 1 滴/s，待第一种黄色组分大部分流出时，用石油醚（bp 60～90 ℃）：丙酮＝9：1（V/V）做洗脱剂进行洗脱，1 滴/s，又可分出两个黄色组分，每2 mL 收集一份样品液，给收集液体的试管按顺序贴上标签，用纸色谱或薄层色谱对各段洗脱液进行色谱分析。

浓缩：将各组分分别收集于已称重的圆底烧瓶（m_3）中，旋干，称重（m_4）。

4. β－胡萝卜素的红外光谱

红外光谱分析可用于研究分子的结构和化学键，也可作为表征和鉴别化学物种的方法。过柱分离得到的纯品制样，进行红外检测，得到的谱图可与 β－胡萝卜素的标准谱图进行对照，若相同，则为同一物质。

五、数据记录与处理参考格式

1. 胡萝卜的提取率数据表

样品名称	质量
平底烧瓶质量 m_1	
新鲜胡萝卜＋平底烧瓶质量 m_2	
圆底烧瓶质量 m_3	
浓缩后胡萝卜素＋圆底烧瓶质量 m_4	

2. 红外光谱图分析

六、注意事项

1. 胡萝卜不要研成糊状，否则会给分离造成困难。
2. 用饱和氯化钠溶液洗涤，并且轻轻摇，以防止萃取液形成乳浊液。

3. 上样时一定要缓慢，保持硅胶表面平整。
4. 展开剂的液面要低于样点，展开时，不要让展开剂前沿上升高度超过硅胶板顶端。

七、思考题

1. 色谱柱中有气泡会对分离带来什么影响？如何除去气泡？
2. 样品斑点过大时会对分离效果产生什么影响？

附录 常用数据

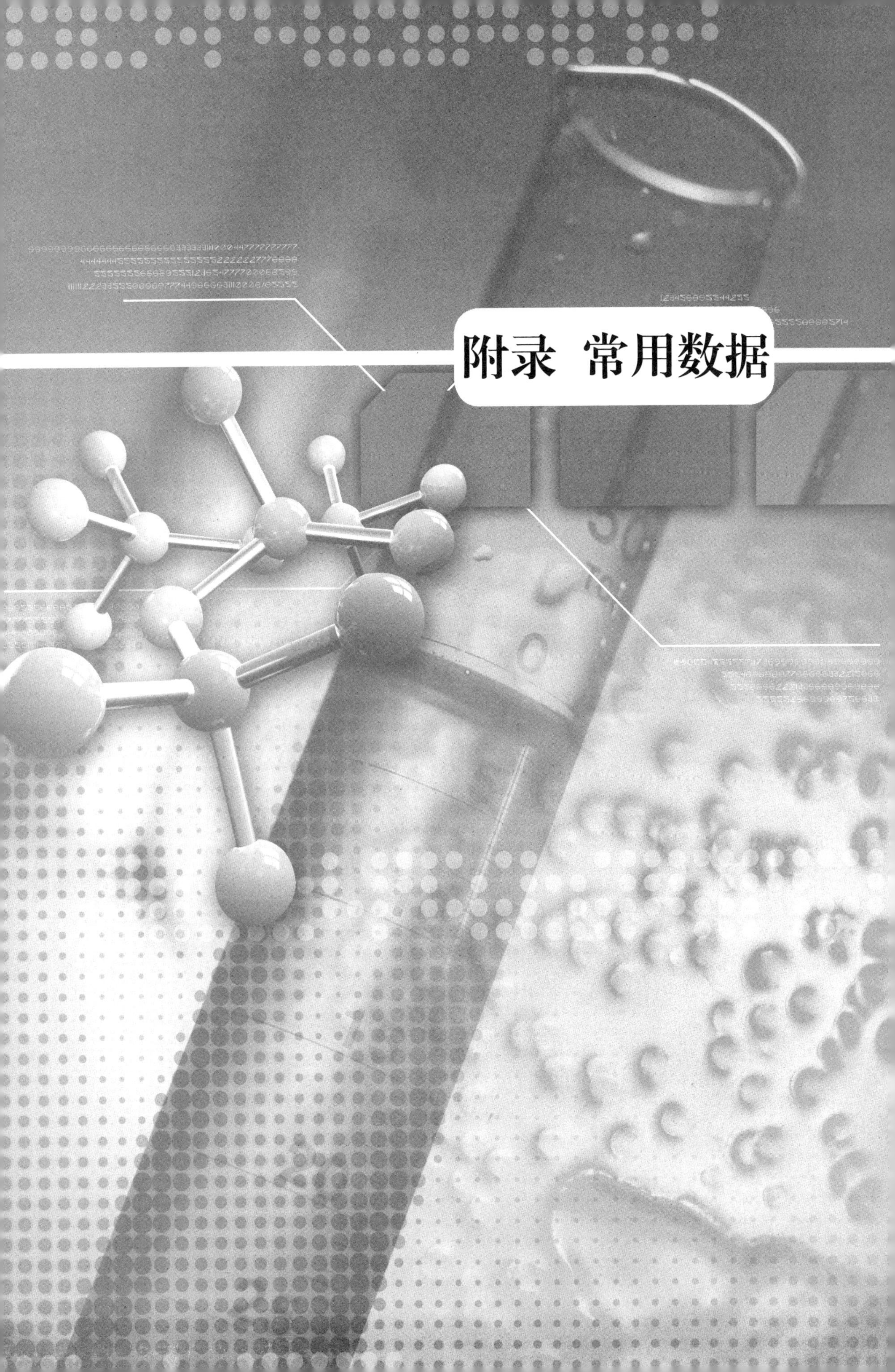

附录 1　不同温度下液体的密度($g \cdot mL^{-1}$)

温度/℃	水	苯	乙醇	汞
0	0.999 84	—	0.806	13.596
5	0.999 97	—	0.802	13.583
6	0.999 94	—	0.801	13.581
7	0.999 90	—	0.800	13.578
8	0.999 85	—	0.800	13.576
9	0.999 78	—	0.799	13.573
10	0.999 70	0.887	0.798	13.571
11	0.999 61	—	0.797	13.568
12	0.999 50	—	0.796	13.566
13	0.999 38	—	0.795	13.563
14	0.999 24	—	0.795	13.561
15	0.999 10	0.883	0.794	13.559
16	0.998 95	0.882	0.793	13.556
17	0.998 78		0.792	13.544
18	0.998 59		0.791	13.551
19	0.998 41		0.790	13.549
20	0.998 20		0.789	13.546
21	0.997 99		0.788	31.544
22	0.997 77		0.787	13.541
23	0.997 54		0.786	13.539
24	0.997 30		0.786	13.536
25	0.997 04	0.875	0.785	13.534

续 表

温度/℃	水	苯	乙醇	汞
26	0.996 78	—	0.784	13.532
27	0.996 51	—	0.784	13.529
28	0.996 25	—	0.783	13.527
29	0.995 90	—	0.782	13.524
30	0.995 65	0.869	0.781	13.522
40	0.992 24	0.853	0.782	13.497
50	0.988 07	0.847	0.763	13.473
60	0.983 24	0.836	0.754	13.376

附录 2　几种常用液体的折射率(n_D^t)

物质名称	n_D^{15}	n_D^{20}	$\frac{dn_D}{dt}$
苯	1.504 39	1.501 10	−0.000 66
丙酮	1.331 75	1.359 11	−0.000 49
甲苯	1.499 80	1.496 80	−0.000 55
乙酸	1.377 60	1.371 70	−0.000 38
氯苯	1.527 48	1.524 60	−0.000 53
氯仿	1.448 53	1.445 50	−0.000 59
四氯化碳	1.463 05	1.460 44	−0.000 52
乙醇	1.363 30	1.361 39	−0.000 38
环己烷	1.429 00	—	—
硝基苯	1.554 70	1.555 24	−0.000 46
正丁醇	—	1.399 09	—
二硫化碳	1.629 35	1.625 46	−0.000 78

附录 3　常用离子在不同浓度时的摩尔电导率λ_m ($S \cdot cm^2 \cdot mol^{-1}$)(25 ℃)

离子	浓度/($mol \cdot dm^{-3}$)							
	无限稀	0.000 5	0.001	0.005	0.01	0.02	0.05	0.1
H^+	349	346	345	342	340	337	333	326
Na^+	50.9	50.1	49.6	48.4	47.4	46.2	44.4	42.6
K^+	74.4	73.4	72.9	71.2	69.9	68.3	65.9	63.5
Mg^{2+}	106	101	99.1	92.0	87.3	80.2	73.1	68.0
Ca^{2+}	120	115	113	99.0	98.3	92.0	82.6	75.1
Ba^{2+}	128	123	120	107	103	95.7	—	—
Ag^+	63.1	61.6	60.6	59.5	58.2	56.9	53.4	51.1
OH^-	19.6	19.3	19.3	18.9	18.8	18.6	18.1	17.7
Cl^-	74.1	74.1	73.7	72.0	70.8	69.3	66.7	64.2
I^-	75.0	75.0	74.6	73.0	72.0	70.8	69.1	67.6
SO^{4-}	152	149	149	137	129	120	112	93.3

附录 4　水溶液中一些电极的标准电极电势 (25 ℃,100 kPa)

电　　极	电极反应式	标准电极电势/V
第一类电极		
$Li^+ \mid Li$	$Li^+ + e^- = Li$	−3.042
$K^+ \mid K$	$K^+ + e^- = K$	−2.925
$Ba^{2+} \mid Ba$	$Ba^{2+} + 2e^- = Ba$	−2.90

续 表

电　　极	电极反应式	标准电极电势/V
$Ca^{2+}\|Ca$	$Ca^{2+}+2e^-$ ══ Ca	−2.76
$Na^+\|Na$	Na^++e^- ══ Na	−2.711 1
$Mg^{2+}\|Mg$	$Mg^{2+}+2e^-$ ══ Mg	−2.375
$OH^-, H_2O\|H_2(g)\|Pt$	$2H_2O+2e^-$ ══ H_2+2OH^-	−0.827 7
$Zn^{2+}\|Zn$	$Zn^{2+}+2e^-$ ══ Zn	−0.763
$Cr^{3+}\|Cr$	$Cr^{3+}+3e^-$ ══ Cr	−0.74
$Cd^{2+}\|Cd$	$Cd^{2+}+2e^-$ ══ Cd	−0.402 8
$Co^{2+}\|Co$	$Co^{2+}+2e^-$ ══ Co	−0.28
$Ni^{2+}\|Ni$	$Ni^{2+}+2e^-$ ══ Ni	−0.23
$Sn^{2+}\|Sn$	$Sn^{2+}+2e^-$ ══ Sn	−0.136 6
$Pb^{2+}\|Pb$	$Pb^{2+}+2e^-$ ══ Pb	−0.126 5
$Fe^{3+}\|Fe$	$Fe^{3+}+3e^-$ ══ Fe	−0.036
$H^+\|H_2(g)\|Pt$	$2H^++2e^-$ ══ H_2	0.000 0
$Cu^{2+}\|Cu$	$Cu^{2+}+2e^-$ ══ Cu	0.340 0
$OH^-, H_2O\|O_2(g)\|Pt$	$O_2+2H_2O+4e^-$ ══ $4OH^-$	0.401
$Cu^+\|Cu$	Cu^++e^- ══ Cu	0.522
$I^-\|I_2(s)\|Pt$	$I_2(s)+2e^-$ ══ $2I^-$	0.535
$Hg_2^{2+}\|Hg$	$Hg_2^{2+}+2e^-$ ══ $2Hg$	0.798 6
$Ag^+\|Ag$	Ag^++e^- ══ Ag	0.799 4
$Hg^{2+}\|Hg$	$Hg^{2+}+2e^-$ ══ Hg	0.851
$Br^-\|Br_2(g)\|Pt$	$Br_2(g)+2e^-$ ══ $2Br^-$	1.065
$H^+, H_2O\|O_2(g)\|Pt$	$O_2+4H^++4e^-$ ══ $2H_2O$	1.229
$Cl^-\|Cl_2(g)\|Pt$	$Cl_2(g)+2e^-$ ══ $2Cl^-$	1.358 0
$Au^+\|Au$	Au^++e^- ══ Au	1.68
$F^-\|F_2(g)\|Pt$	F_2+2e^- ══ $2F^-$	2.87
第二类电极		
$SO_4^{2-}\|PbSO_4(s)\|Pb$	$PbSO_4(s)+2e^-$ ══ $SO_4^{2-}+Pb$	−0.350 5
$I^-\|AgI(s)\|Ag$	$AgI+e^-$ ══ $Ag+I^-$	−0.152 1
$Br^-\|AgBr(s)\|Ag$	$AgBr+e^-$ ══ $Ag+Br^-$	0.071 1
$Cl^-\|AgCl(s)\|Ag$	$AgCl+e^-$ ══ $Ag+Cl^-$	0.222 1
氧化还原电极		

续 表

电　　极	电极反应式	标准电极电势/V
$Cr^{3+}, Cr^{2+} \mid Pt$	$Cr^{3+} + e^- = Cr^{2+}$	−0.41
$Sn^{4+}, Sn^{2+} \mid Pt$	$Sn^{4+} + 2e^- = Sn^{2+}$	0.15
$Cu^{3+}, Cu^{+} \mid Pt$	$Cu^{2+} + e^- = Cu^{+}$	0.158
H^+,醌,氢醌 $\mid Pt$	$C_6H_4O_2 + 2H^+ + 2e^- = C_6H_4(OH)_2$	0.699 3
$Fe^{3+}, Fe^{2+} \mid Pt$	$Fe^{3+} + e^- = Fe^{2+}$	0.770
$Tl^{3+}, Tl^{+} \mid Pt$	$Tl^{3+} + 2e^- = Tl^{+}$	1.247
$Ce^{4+}, Ce^{3+} \mid Pt$	$Ce^{4+} + e^- = Ce^{3+}$	1.61
$Co^{3+}, Co^{2+} \mid Pt$	$Co^{3+} + e^- = Co^{2+}$	1.83

附录 5　几种常用酸、碱的浓度

试剂名称	密度/(g·cm^{-3})(20 ℃)	质量分数/%	物质的量浓度/(mol·dm^{-3})
浓 H_2SO_4	1.84	98	18
稀 H_2SO_4	1.18	25	3
浓 HCl	1.19	38	12
稀 HCl	1.10	20	6
浓 HNO_3	1.42	69	16
稀 HNO_3	1.20	32	6
稀 HNO_3		12	2
浓 H_3PO_4	1.7	85	14.7
稀 H_3PO_4	1.05	9	1
浓 $HClO_4$	1.67	70	11.6
稀 $HClO_4$	1.12	19	2
浓 HF	1.13	40	23
HBr	1.38	40	7
HI	1.70	57	7.5

续 表

试剂名称	密度/(g·cm^{-3})(20 ℃)	质量分数/%	物质的量浓度/(mol·dm^{-3})
冰 HAc	1.05	99	17.5
稀 HAc	1.04	34	6
稀 HAc		12	2
浓 NaOH	1.44	~41	14.4
稀 NaOH		8	2
浓 $NH_3 . H_2O$	0.91	~28	14.8
稀 $NH_3 . H_2O$		3.5	2
$Ca(OH)_2$水溶液		0.15	
$Ba(OH)_2$水溶液		2	~0.1

附录 6　酸碱指示剂(18~25 ℃)

指示剂名称	pH 变色范围	颜色变化	溶液配制方法
百里酚蓝	1.2~2.8	红—蓝	0.1 g 指示剂溶于 100 mL 20%乙醇中
(第一变色范围)			
甲基黄	2.9~4.0	红—黄	0.1 g 指示剂溶于 100 mL 90%乙醇中
甲基橙	3.1~4.4	红—黄	0.05%水溶液
溴酚蓝	3.1~4.6	黄—紫	0.1 g 指示剂溶于 100 mL 20%乙醇中,或指示剂钠盐的水溶液
溴甲酚绿	3.8~5.4	黄—蓝	0.1%水溶液,每 100 g 指示剂加 2.9 mL 0.05 mol/dm^3 NaOH
甲基红	4.4~6.2	红—黄	0.1 g 指示剂溶于 100 mL 60%乙醇中,或指示剂钠盐的水溶液
溴百里酚蓝	6.0~7.6	黄—蓝	0.1 g 指示剂溶于 100 mL 20%乙醇中,或指示剂钠盐的水溶液
中性红	6.8~8.0	红—黄橙	0.1 g 指示剂溶于 100 mL 60%乙醇中
酚红	6.7~8.4	黄—红	0.1 g 指示剂溶于 100 mL 60%乙醇中,或指示剂钠盐的水溶液

续 表

指示剂名称	pH 变色范围	颜色变化	溶液配制方法
酚酞	8.0～9.6	无—红	0.1 g 指示剂溶于 100 mL 90%乙醇中
百里酚蓝	8.0～9.6	黄—蓝	0.1 g 指示剂溶于 100 mL 20%乙醇中
（第二变色范围）			
百里酚酞	9.4～10.6	无—蓝	0.1 g 指示剂溶于 100 mL 90%乙醇中

附录 7　常用缓冲溶液

缓冲溶液组成	pK_a	缓冲溶液 pH	配制方法
氨基乙酸-HCl	2.35(pK_{a1})	2.3	取氨基乙酸 150 g 溶于 500 mL 水中，加 80 mL 浓 HCl，水稀释至 1 L。
H_3PO_4-柠檬酸盐		2.5	取 113 g $Na_2HPO_4 \cdot 12H_2O$ 溶于 200 mLH_2O 中，加 387 g 柠檬酸溶解，过滤后稀释至 1 L。
$ClCH_2COOH$-NaOH	2.86	2.8	取 200 g $ClCH_2COOH$ 溶于 200 mL 水中，加 40 g NaOH 溶解后，稀释至 1 L。
邻苯二甲酸氢钾-HCl	2.95(pK_{a1})	2.9	取 500 g 邻苯二甲酸氢钾溶于 500 mL 水中，加 80 mL 浓 HCl，稀释至 1 L。
HCOOH-NaOH	3.76	3.7	取 95 g HCOOH 和 40 g NaOH 溶于 500 mL水中，溶解，稀释至 1 L。
NH_4Ac-HAc		4.5	取 77 g 无水 NH_4Ac 溶于水中，加 59 mL 冰 HAc，稀释至 1 L。
NaAc-HAc	4.74	4.7	取 83 g NaAc 溶于 200 mLH_2O 中，加 60 mLHAc，稀释至 1 L。
NaAc-HAc	4.74	5.0	取 160 g NaAc 溶于 200 mLH_2O 中，加 60 mLHAc，稀释至 1 L。
NH_4Ac-HAc		5.0	取 250 g NH_4Ac 溶于 H_2O 中，加 25 mL 冰 HAc，稀释至 1 L。
六次甲基四胺-HCl	5.15	5.4	取 40 g 六次甲基四胺溶于 200 mL 水加 10 mL 浓 HCl，稀释至 1 L。
NH_4Ac-HAc		6.0	取 600 g NH_4Ac-HAc 溶于 H_2O 中，加 20 mL 冰 HAc，稀释至 1 L。

续 表

缓冲溶液组成	pK_a	缓冲溶液 pH	配制方法
$NaAc-H_3PO_4$盐		8.0	取 50 g 无水 NaAc 和 50 g $Na_2HPO_4 \cdot 12H_2O$ 溶于水中，稀释至 1 L。
三羟甲基氨基甲烷- HCl	8.21	8.2	取 25 g 三羟甲基氨基甲烷溶于水中，加 8 mL 浓 HCl，稀释至 1 L。
NH_3-NH_4Cl	9.26	9.2	取 54 g NH_4Cl 溶于水中，加 63 mL 浓 $NH_3 \cdot H_2O$，稀释至 1 L。
NH_3-NH_4Cl	9.26	9.5	取 54 g NH_4Cl 溶于水中，加 126 mL 浓 $NH_3 \cdot H_2O$，稀释至 1 L。
NH_3-NH_4Cl	9.26	10.0	取 54 g NH_4Cl 溶于水中，加 350 mL 浓 $NH_3 \cdot H_2O$，稀释至 1 L。

注：[1] 缓冲溶液配制后用 pH 试纸检查。如 pH 不对，可用共轭酸或碱调节。pH 欲调节精准时，可用 pH 计调节。

[2] 若需增加或减少缓冲溶液的缓冲容量时，可相应增加或减少共轭酸碱对的物质的量，再调节。

附录 8　不同温度下水的饱和蒸气压

t/℃	p/kPa	t/℃	p/kPa	t/℃	p/kPa
0	0.610 5	13	1.497 3	26	3.360 9
1	0.656 8	14	1.598 1	27	3.564 9
2	0.705 8	15	1.704 9	28	3.779 5
3	0.757 9	16	1.817 7	29	4.005 4
4	0.813 4	17	1.937 2	30	4.242 8
5	0.872 3	18	2.063 4	31	4.492 3
6	0.935 0	19	2.196 7	32	4.754 7
7	1.001 7	20	2.337 8	33	5.030 1
8	1.072 6	21	2.486 5	34	5.319 3
9	1.147 8	22	2.643 4	35	5.622 9
10	1.227 8	23	2.808 8	36	5.941 2
11	1.312 4	24	2.983 3	37	6.275 1
12	1.402 3	25	3.167 2	38	6.625 0

续 表

t/℃	p/kPa	t/℃	p/kPa	t/℃	p/kPa
39	6.991 7	60	19.918 4	81	49.209 3
40	7.375 9	61	20.851 6	82	51.315 8
41	7.778 0	62	21.838 2	83	53.408 9
42	8.199 3	63	22.851 5	84	55.568 8
43	8.639 3	64	23.904 7	85	57.808 6
44	9.100 6	65	25.997 9	86	60.115 1
45	9.583 2	66	26.144 5	87	62.488 2
46	10.211 6	67	27.331 1	88	64.941 3
47	10.612 5	68	28.557 7	89	67.473 5
48	11.160 4	69	29.824 2	90	70.100 9
49	11.735 0	70	31.157 4	91	72.807 3
50	12.333 7	71	32.517 3	92	75.593 8
51	12.958 9	72	33.943 9	93	78.473 5
52	13.612 2	73	35.423 8	94	81.446 6
53	14.292 2	74	36.957 0	95	84.513 0
54	14.988 8	75	38.543 5	96	87.672 8
55	15.732 0	76	40.183 4	97	90.939 2
56	16.505 3	77	41.876 6	98	94.298 9
57	17.305 2	78	43.636 4	99	97.752 0
58	18.147 2	79	45.462 9	100	101.325
59	19.011 8	80	47.342 8		

附录 9　常用干燥剂

干燥剂	酸碱性质	与水作用的产物	说　明[1]
$CaCl_2$	中性	$CaCl_2 \cdot H_2O$ $CaCl_2 \cdot 2H_2O$ $CaCl_2 \cdot 6H_2O$	脱水量大，作用快，效率不高。$CaCl_2$ 颗粒大，易与干燥后溶液分离，为良好的初步干燥剂。不可用于干燥醇类、胺类或酚类、酯类和酸类。氯化钙六水合物在 30 ℃以上失水。

续 表

干燥剂	酸碱性质	与水作用的产物	说　明[1]
Na_2SO_4	中性	$Na_2SO_4 \cdot 7H_2O$ $Na_2SO_4 \cdot 10H_2O$	价格便宜，脱水量大，作用慢，效率低。为良好的常用初步干燥剂。物理外观为粉状，需把干燥后溶液过滤分离。$Na_2SO_4 \cdot 10H_2O$在33 ℃以上失水。
$MgSO_4$	中性	$MgSO_4 \cdot H_2O$ $MgSO_4 \cdot 7H_2O$	比Na_2SO_4作用快，效率高。为一般良好的干燥剂。$MgSO_4 \cdot 7H_2O$在48 ℃以上失水。
$CaSO_4$	中性	$CaSO_4 \cdot 1/2H_2O$	脱水量小但作用很快，效率高。建议先用脱水量大的干燥剂作为溶液的初步干燥。$CaSO_4 \cdot 1/2H_2O$加热2～3 h即可失水。
$CuSO_4$	中性	$CuSO_4 \cdot H_2O$ $CuSO_4 \cdot 3H_2O$ $CuSO_4 \cdot 5H_2O$	较$MgSO_4$、Na_2SO_4效率高，但比两者价格都高。
K_2CO_3	碱性	$K_2CO_3 \cdot 3/2H_2O$ $K_2CO_3 \cdot 2H_2O$	脱水量及效率一般。适用于酯类、腈类和酮类，但不可用于酸性有机化合物。
H_2SO_4	酸性	H_3O^+　HSO_4^-	适用于烷基卤化物和脂肪烃，但不可用于烯类、醚类及弱碱性物质。脱水效率高。
P_2O_5	酸性	HPO_3 $H_4P_2O_7$ H_3PO_4	参见硫酸说明。也适用于醚类、芳香卤化物以及芳香烃类。脱水效率极高。建议将溶液先经预干燥。干燥后溶液看去离子与干燥剂分开。
CaH_2	碱性	$H_2+Ca(OH)_2$	效率高但作用慢。适用于碱性、中性或弱酸性化合物。不能用于对碱敏感的物质。建议先将溶液通过初步干燥。干燥后的溶液去离子与干燥剂分开。
Na	碱性	H_2+NaOH	效率高但作用慢。不可用于对碱土金属或碱敏感的化合物。应练习掌握分离过量的干燥剂。溶液需先进行初步干燥后再用金属钠干燥。干燥后溶液可用去离子与干燥剂分开。
BaO或CaO	碱性	$Ba(OH)_2$或$Ca(OH)_2$	作用慢但效率高。适用于醇类及胺类而不适用于对碱敏感的化合物。干燥后可把溶液去离子而与干燥剂分开。
KOH或NaOH	碱性	溶液	快速有效，但应用范围几乎限于干燥胺类。
＃3A或＃4A分子筛[2]	中性	能牢固吸着水分	快速、高效。需将溶液初步干燥后再用。干燥后把溶液去离子以与干燥剂分开。分子筛为硅酸铝的商品名称，具有一定的直径小孔的结晶形结构。＃3A、＃4A分子筛的孔径大小仅允许水或其他小分子(如氨分子)进入。水由于水化而被牢牢吸着。水化后分子筛可在常压或减压下300～320 ℃加热活化。

注：[1] 脱水量为一定质量的干燥剂所能除去的水量，而效率则为水合干燥剂平衡时的水量。

[2] 数字为分子筛孔径的大小，现以10^{-1} nm为单位。

附录 10　重要化学物质的毒性和易燃性

化学物质	急性毒性[1]（大鼠 LD_{50}）	闪点/℃	爆燃极限/%	MAK[2]/($mg \cdot m^{-3}$)	TLV[3]/($mg \cdot m^{-3}$)
一氧化碳	狗 40(LD_{100}，p.i.)		12.5～74	55	55
乙腈	200～453.2(or)	6	4～16	70	70
乙炔	947(LD_{100}，p.i.)		3～82		1 000
乙醛	1 930(口服)LC_{50}36	−38	4～57	100	180
乙醇	13 660(or)，60(p.i.)	12	3.3～19	1 000	1 900
乙醚	300(p.i.)	−45	1.85～48	500	400
乙二胺	1 160(or)	43		30	25
乙二醇	7 330(or)	111			260
正丁醇	4 360(or)	29	1.4～11	200	300
仲丁醇	6 480(or)	24	1.7～98		450
叔丁醇	3 500(or)	10	2.4～8		300
二氯甲烷	1 600(or)			1 750	1 740
二氯乙烷	680(or)	13	6.2～15.9	400	200
二甲苯(各异构体)	2 000～4 300(or)	29(间)	1.0～7.0	870	435
二硫化碳	300(or)	−30	1～44	30	60
二氧化硫				13	13
二氧化硒				0.1	0.2
二甘醇	16 980(or)	124			
二甲基甲酰胺	3 700(or)	58	2.2～15.2	60	30
2,4-二硝基苯酚	30(or)			1	
二氧己烷	6 000(or)20(p.i.)	12	2～22.2	200	360
三氧化二砷	138(or)			0.5	0.5

续 表

化学物质	急性毒性[1]（大鼠 LD_{50}）	闪点/℃	爆燃极限/%	MAK[2]/（mg·m^{-3}）	TLV[3]/（mg·m^{-3}）
三氯化磷				3	0.5
三氟化硼					1
三乙胺	460(or)	<−7	1.2～8.0		100
丙酮	9 750(or)300(p.i.)	−18	3～13	2 400	2 400
丙烯腈	90(or)	0	3～17	45	45
丙烯醛	46(or)	−26	3～31	0.5	0.25
正丙醇	1 870(or)	25	2.1～13.5	200	500
异丙醇	5 840(or)40(p.i.)	12	2.3～12.7	800	
甲苯	1 000(or)	4.4	1.4～6.7	750	375
甲酚(各异构体)	邻 1 350(or)对 1 800(or)间 2 020(or)	94(邻、对)	1.06～1.40	22	22
甲醛	80(or)1(p.i.)		7～73	5	3
甲醇	12 880(or) 200(p.i.,LD_{100})	12	6～36.5	50	9
甲酸		69	18～57	9	9
四氯化碳	7 500(or)150(p.i.) 1 280(小鼠口径)			50	65
四氢呋喃	65(p.i.)(小鼠)	−14	2～11.8	200	590
正戊烷		−49	1.45～8.0	2 950	2 950
石油醚		−57	1～6		500(cm^3·m^{-3})
光气	0.2(p.i.),LCt_{50} 3 200 mg·m^{-3}·min^{-1}（对人）			0.5	0.4
苄醇	3 100(or)				
苄基氯		67	1.1～	5	5
环己烷	5 500(or)	−6		1 400	1 050
环己酮	2 000(or)	44	1.1～8.1	200	200
环氧乙烷	330(or)	<−18	3～100	90	90

续 表

化学物质	急性毒性[1]（大鼠 LD_{50}）	闪点/℃	爆燃极限/%	MAK[2]/($mg \cdot m^{-3}$)	TLV[3]/($mg \cdot m^{-3}$)
汞	20～30(or)			0.1	0.1
吡啶	1 580(or)12(p.i.,LD_{100})	20	1.8～12.4	10	15
奎宁	500(or)				
肼(联氨)	200(p.i.)			0.1	1.3
苯	5 700(or)51(p.i.)	−11	1.4～8	50	80
苯胺	200(or,LD_{100})(猫)	70	1.3	19	19
苯酚	530(or)	79	1.5～	20	19
苯肼	500(or,LD_{100})(兔)	89		15	22
对苯二胺	250(or)	156		0.1	
苯基羟胺	20(or)(兔)				
苯乙酮	900～3 000(or)				
苯腈	316(小鼠、腹腔)				
氟乙酸	2.5(or)			0.2	
哌啶	540(or)	16			
重氮甲烷	剧毒				0.4
氨	250(or,LD_{100})(猫)			50	18
氢醌	320(or)	165			2
臭氧				0.2	0.2
烯丙醇	64(or)0.6(p.i.)	21	3～18	5	3
喹啉	460(or)				
异喹啉	350(or)				
萘		79	0.9～5.9	50	50
α 和 β-萘酚	150(or,LD_{100})(猫)				
氯	1(p.i.)			3	3
氯化汞	37(or)				
氯乙酸	76(or)				

续 表

化学物质	急性毒性[1]（大鼠 LD_{50}）	闪点/℃	爆燃极限/%	MAK[2]/（$mg \cdot m^{-3}$）	TLV[3]/（$mg \cdot m^{-3}$）
氯仿	2 180(or)			200	240
氯苯	2 910	29	1.3～7.1	230	350
2-氯乙醇	95(or)0.1(p.i.)	60	4.9～15.9	16	16
氰化钾	10(or)0.2(p.i.)				
氰化氢	LCt5 000 $mg \cdot m^{-3} \cdot min^{-1}$（对人）			11	11
硝基苯	500(or)	35	7.3～	5	5
硫酸二甲酯	440(or)	83		5	
硫酸二乙酯	800(or)				
硫化氢	1.5(p.i.,LD_{100})			25	15
氯化氢	2～4(p.i.,LD_{100},兔)			10	7
溴化氢				17	10
溴				0.7	0.7
溴甲烷	20(p.i.,LD_{100})			50	60
碘甲烷	100(腹腔)				28
乙酸	3 300(or)	43	4～16	25	25
乙酸酐	1 780(or)	54	3～10	20	20
乙酸丁酯		27	1.4～7.6	950	710
乙酸乙酯	5 620(or)	−4.4	2.18～9	1 400	1 400
乙酸戊酯		25	1～1.7	1 050	525
聚乙二醇	29 000(or)				
聚丙二醇	2 900(or)				
叠氮化钠	50(or,LD_{100}),34.7(小鼠,or)				

注:[1] or 为经口 $mg \cdot kg^{-1}$,p.i.为每次吸入(数字表示 $mg \cdot dm^{-3}$空气),无特别注明者所用实验动物皆为大鼠。LD_{50}为致死中量,指被试动物一次口服、注射或皮肤涂抹药剂后产生急性中毒有半数死亡所需该药剂的量,单位 $mg \cdot kg^{-1}$。LD_{100}为绝对致死量,即被试动物全部死亡所需该药剂的最低量,单位为 $mg \cdot kg^{-1}$。

[2] MAK 为德国采用的车间空气中化学物质的最高容许浓度。

[3] TLV 为 1973 年美国采用的车间空气中化学物质的阈限值。

附录 11 常见离子和化合物的颜色

物质	类型	举　　例
无色离子	阳离子	Na^+　K^+　NH_4^+　Mg^{2+}　Ca^{2+}　Ba^{2+}　Al^{2+}　Sn^{2+}　Pb^{2+}　Bi^{3+} Ag^+　Zn^{2+}　Cd^{2+}　$Hg_2{}^{2+}$　Hg^{2+}
	阴离子	BO_2^-　$C_2O_4^{2-}$　Ac^-　$CO_3{}^{2-}$　SiO_3^{2-}　NO_3^-　PO_4^{3-}　MoO_4^{2-}　SO_3^{2-} SO_4^{2-}　S^{2-}　$S_2O_3^{2-}$　F^-　Cl^-　ClO_3^-　Br^-　BrO_3^-　I^-　SCN^- $[CuCl_2]^-$
有色离子	Cu	$[Cu(H_2O)_4]^{2+}$ 浅蓝色　$[CuCl_4]^{2-}$ 黄色　$[Cu(NH_3)_4]^{2+}$ 深蓝色　$[Cr(H_2O)_6]^{2+}$ 蓝色 $[Cr(H_2O)_6]^{3+}$ 紫色
	Cr	$[Cr(H_2O)_5Cl]^{2+}$ 浅绿色　$[Cr(H_2O)_4Cl_2]^+$ 暗绿色　$[Cr(NH_3)_2(H_2O)_4]^{3+}$ 紫红色 $[Cr(NH_3)_3(H_2O)_3]^{3+}$ 浅红色　$[Cr(NH_3)_4(H_2O)_2]^{3+}$ 橙红色　$[Cr(NH_3)_5H_2O]^{2+}$ 橙黄色 $[Cr(NH_3)_6]^{3+}$ 黄色　CrO^{2-} 绿色　CrO_4^{2-} 黄色　$Cr_2O_7^{2-}$ 橙色
	Mn	$[Mn(H_2O)]^{2+}$ 肉色　MnO_4^{2-} 绿色　MnO_4^- 紫红色
	Fe	$FeCl_6^{3-}$ 黄色　FeF_6^{3-} 无色　$[Fe(C_2O_4)_3]^{3-}$ 黄色　$[Fe(NCS)_n]^{3-n}$ 血红色　$[Fe(H_2O)_6]^{2+}$ 浅绿色 $[Fe(H_2O)_6]^{3+}$ 浅紫色　$[Fe(CN)_6]^{4-}$ 黄色　$[Fe(CN)_6]^{3-}$ 浅橙黄色
	Co	$[Co(H_2O)_6]^{2+}$ 粉红色　$[Co(NH_3)_6]^{2+}$ 黄色　$[Co(NH_3)_6]^{3+}$ 橙黄色　$[CoCl(NH_3)_5]^{2+}$ 红紫色 $[Co(NH_3)_5(H_2O)]^{3+}$ 粉红色　$[Co(NH_3)_4CO_3]^+$ 紫红色　$[Co(CN)_6]^{3-}$ 紫色 $[Co(SCN)_4]^-$ 蓝色
	Ni	$[Ni(H_2O)_6]^{2+}$ 亮绿色　$[Ni(NH_3)_6]^{2+}$ 蓝色
	I	I_3^- 浅棕黄色

续 表

物质	类型	举　　例
化合物	氧化物	CuO　Cu_2O　Ag_2O　ZnO　Hg_2O　HgO　TiO_2 黑色　暗红色　暗棕色　白色　黑褐色　红色或黄色　白色或橙红色 V_2O_3　VO_2　V_2O_5　Cr_2O_3　CrO_3　MnO_2　FeO　Fe_2O_3 黑色　深蓝　红棕色　绿色　红色　棕褐色　黑色　砖红色 Fe_3O_4　CoO　Co_2O_3　NiO　Ni_2O_3　PbO　Pb_2O_3 黑色　灰绿色　黑色　暗绿色　黑色　黄色　红色
	氢氧化物	$Zn(OH)_2$　$Pb(OH)_2$　$Mg(OH)_2$　$Sn(OH)_2$　$Sn(OH)_4$　$Mn(OH)_2$ 白色　白色　白色　白色　白色　白色 $Fe(OH)_2$　$Fe(OH)_3$　$Cd(OH)_2$　$Al(OH)_3$　$Bi(OH)_3$ 白色或苍绿色　红棕色　白色　白色　白色 $Sb(OH)_3$　$Cu(OH)_2$　$CuOH$　$Ni(OH)_2$　$Ni(OH)_3$　$Co(OH)_2$ 白色　浅绿色　黄色　浅绿色　黑色　粉红色 $Co(OH)_3$　$Cr(OH)_3$ 褐棕色　灰绿色
	氯化物	$AgCl$　Hg_2Cl_2　$PbCl_2$　$CuCl$　$CuCl_2$　$CuCl_2 \cdot 2H_2O$　$Hg(NH_3)Cl$ 白色　白色　白色　白色　棕色　蓝色　白色 $CoCl_2$　$CoCl_2 \cdot H_2O$　$CoCl_2 \cdot 2H_2O$　$CoCl_2 \cdot 6H_2O$　$FeCl_3 \cdot 6H_2O$ 蓝色　蓝紫色　蓝红色　粉红色　黄棕色[1]
	溴化物	$AgBr$　$CuBr_2$　$PbBr_3$ 淡黄色　黑紫色　白色
	碘化物	AgI　Hg_2I_2　HgI_2　PbI_2　CuI 黄色　黄褐色　红色　黄色　白色
	卤酸盐	$Ba(IO_3)_2$　$AgIO_3$　$KClO_4$　$AgBrO_3$ 白色　白色　白色　白色
	硫化物	Ag_2S　HgS　PbS　CuS　Cu_2S　FeS　Fe_2S_3　SnS 灰黑色　红色或黑色　黑色　黑色　黑色　棕黑色　黑色　灰黑色 SnS_2　CdS　Sb_2S_3　Sb_2S_5　MnS　ZnS　Ag_2S_3 灰黑色　黄色　橙色　橙红色　肉色　白色　黄色
	硫酸盐	Ag_2SO_4　Hg_2SO_4　$PbSO_4$　$CaSO_4$　$BaSO_4$　$[Fe(NO)]SO_4$ 白色　白色　白色　白色　白色　深棕色 $Cu(OH)_2SO_4$　$CuSO_4 \cdot 5H_2O$　$CoSO_4 \cdot 7H_2O$　$Cr_2(SO_4)_3 \cdot 6H_2O$ 浅蓝色　蓝色　红色　绿色 $Cr_2(SO_4)_3 \cdot 18H_2O$　$Cr_2(SO_4)_3$ 蓝紫色　紫色或红色
	碳酸盐	Ag_2CO_3　$CaCO_3$　$BaCO_3$　$MnCO_3$　$CdCO_3$　$Zn(OH)_2CO_3$　$FeCO_3$ 白色　白色　白色　白色　白色　白色　白色 $Cu_2(OH)_2CO_3$　$Ni_2(OH)_2CO_3$ 暗绿色[2]　浅绿色

续 表

物质	类型	举例
化合物	磷酸盐	$Ca_3(PO_4)_2$　$CaHPO_4$　$Ba_3(PO_4)_2$　$FePO_4$　Ag_3PO_4　$MgNH_4PO_4$ 白色　白色　白色　浅黄色　黄色　白色
	铬酸盐	Ag_2CrO_4　$PbCrO_4$　$BaCrO_4$　$FeCrO_4 \cdot 2H_2O$　$CaCrO_4$ 砖红色　黄色　黄色　黄色　黄色
	硅酸盐	$BaSiO_3$　$CuSiO_3$　$CoSiO_3$　$Fe_2(SiO_3)_3$　$MnSiO_3$　$NiSiO_3$　$ZnSiO_3$ 白色　蓝色　紫色　棕红色　肉色　翠绿色　白色
	草酸盐	CaC_2O_4　$Ag_2C_2O_4$　$FeC_2O_4 \cdot 2H_2O$ 白色　白色　黄色
	类卤化合物	$AgCN$　$Ni(CN)_2$　$Cu(CN)_2$　$CuCN$　$AgSCN$　$Cu(SCN)_2$ 白色　浅绿色　浅棕黄色　白色　白色　黑绿色
	其他含氧酸盐	$Ag_2S_2O_3$　$BaSO_3$ 白色　白色
	其他化合物	$Fe[Fe(CN)_6]_3 \cdot xH_2O$　$Cu_2[Fe(CN)_6]$　$Ag_3[Fe(CN)_6]$ 蓝色　红棕色　橙色 $Zn_3[Fe(CN)_6]$　$Co_2[Fe(CN)_6]$　$Ag_4[Fe(CN)_6]$　$Zn_2[Fe(CN)_6]$ 黄褐色　绿色　白色　白色 $K_3[Co(NO_2)_6]$　$K_2Na[Co(NO_2)_6]$　$(NH_4)_2Na[Co(NO_2)_6]$ 黄色　黄色　黄色 $K_2[PtCl_6]$　$Na_2[Fe(CN)_5NO] \cdot 2H_2O$ 黄色　红色 $NaAc \cdot Zn(Ac)_2 \cdot 3[UO_2(Ac)_2] \cdot 9H_2O$ 黄色

注：[1] 溶液由于水解生成$[Fe(H_2O)_5OH]^{2+}$、$[Fe(H_2O)_4(OH)_2]^+$等离子而呈现黄棕色。未水解的$FeCl_3$溶液由于生成$[FeCl_4]^-$也会呈现黄棕色。

[2] 相同浓度$CuSO_4$和Na_2CO_3溶液的比例(体积)不同时生成的碱式碳酸铜颜色不同：

$CuSO_4$: Na_2CO_3碱式碳酸铜	颜色
2 : 1.6	浅蓝绿色
1 : 1	暗绿色

附录 12　实验室中某些试剂的配制

序号	试剂名称	配制方法
1	$Na_2S(1\ mol \cdot dm^{-3})$	称取 240 g $Na_2S \cdot 9H_2O$ 和 40 g NaOH 溶于适量水中，稀释至 1 L，混匀。

续 表

序号	试剂名称	配制方法
2	$(NH_4)_2S$(3 mol·dm^{-3})	于 200 mL 浓 NH_4·H_2O 中通入 H_2S 气体直至饱和,然后再加入 200 mL 浓 NH_4·H_2O,最后加水稀释至 1 L,混匀。
3	$(NH_4)_2CO_3$(1 mol·dm^{-3})	将 95 g 研细的$(NH_4)_2CO_3$溶解于 1 L 2 mol·dm^{-3} NH_3·H_2O 中。
4	$(NH_4)_2CO_3$(14%)	将 140 g$(NH_4)_2CO_3$溶于 860 mL H_2O 中。
5	$(NH_4)_2SO_4$(饱和)	将 50 g$(NH_4)_2SO_4$溶解于 100 mL 热 H_2O 中,冷却后过滤。
6	$FeSO_4$(0.25 mol·dm^{-3})	溶解 69.5 g $FeSO_4$·$7H_2O$ 于适量 H_2O 中,加入 5 mL 18 mol·dm^{-3} H_2SO_4,再用 H_2O 稀释至 1 L,置入小铁钉数枚。
7	$FeCl_3$(0.5 mol·dm^{-3})	称取 135.2 g $FeCl_3$·$6H_2O$ 溶于 100 mL 6 mol·dm^{-3} HCl 中,加 H_2O 稀释至 1 L。
8	$CrCl_3$(0.1 mol·dm^{-3})	称取 26.7 g $CrCl_3$·$6H_2O$ 溶于 30 mL 6 mol·dm^{-3} HCl 中,加 H_2O 稀释至 1 L。
9	KI(10%)	溶解 100 g KI 于 1 L H_2O 中,贮于棕色瓶中。
10	KNO_3(1%)	溶解 10 g KNO_3 于 1 L H_2O 中。
11	醋酸铀酰锌	① 10 g $UO_2(Ac)_2$·$2H_2O$ 和 6 mL 6 mol·dm^{-3} HAc 溶于 50 mL H_2O 中; ② 30 g $Zn(Ac)_2$·$2H_2O$ 和 3 mL 6 mol·dm^{-3} HCl 溶于 50 mL H_2O 中; ③ 将①、②两种溶液混合,24 h 后取清液使用。
12	$Na[Co(NO_2)_6]$	溶解 230 g $NaNO_2$ 于 500 mL H_2O 中,加入 165 mL 6 mol·dm^{-3} HAc 和 30 g $Co(NO_3)_2$·$6H_2O$,放置 24 h,取其清液,稀释至 1 L,并保存在棕色瓶中。此溶液应呈橙色,若变成红色,表示已分解,应重新配制。
13	$(NH_4)_6Mo_7O_{24}$·$4H_2O$ (0.1 mol·dm^{-3})	溶解 124 g$(NH_4)_6Mo_7O_{24}$·$4H_2O$ 于 1 LH_2O 中,将所得溶液倒入 1 L6 mol·dm^{-3} HNO_3中,放置 24 h,取其澄清液。
14	$K_3[Fe(CN)_6]$	取 $K_3[Fe(CN)_6]$约 0.7~1 g 溶解于 H_2O 中,稀释至100 mL(使用前临时配制)。
15	铬黑 T	将铬黑 T 和烘干的 NaCl 按 1∶100 的比例研细,混合均匀,贮于棕色瓶中。
16	二苯胺	将 1 g 二苯胺在搅拌下溶于 100 mL 密度 1.84 g·cm^{-3} H_2SO_4 或 100 mL 密度 1.70 g·cm^{-3} H_3PO_4 中(该溶液可保存较长时间)。
17	Mg 试剂	溶解 0.01 g Mg 试剂于 1 L1 mol·dm^{-3}NaOH 溶液中。
18	$SnCl_2$(0.25 mol·dm^{-3})	称取 56.4 g $SnCl_2$·$2H_2O$ 溶于 100 mL 浓 HCl 中,加水稀释至 1 L,在溶液中放几颗纯锡粒。

续 表

序号	试剂名称	配制方法
19	$CrCl_3$(0.1 mol·dm^{-3})	称取 26.7 g $CrCl_3·6H_2O$ 溶于 30 mL 6 mol·dm^{-3} HCl 中，加水稀释至 1 L。
20	$Hg_2(NO_3)_2$(0.1 mol·dm^{-3})	称取 56 g $Hg_2(NO_3)_2·2H_2O$ 溶于 250 mL 6 mol·dm^{-3} HNO_3 中，加水稀释至 1 L，并加入少许金属汞。
21	$Pb(NO_3)_2$(0.25 mol·dm^{-3})	取 83 g $Pb(NO_3)_2$ 溶于少量水中，加入 15 mL 6 mol·dm^{-3} HNO_3，加水稀释至 1 L。
22	$Bi(NO_3)_3$(0.1 mol·dm^{-3})	取 48.5 g $Bi(NO_3)_3·5H_2O$ 溶于少量水中，加入 250 mL 1 mol·dm^{-3} HNO_3，加水稀释至 1 L。
23	Cl_2 水	水中通入 Cl_2 至饱和(用临时配制)，Cl_2 在 25 ℃时溶解度为 199 mL/100 gH_2O。
24	Br_2 水	将约 50 g(16 mL)液溴注入盛有 1 L 水的磨口玻璃瓶内，在 2 h 内经常剧烈震荡，每次震荡之后微开塞子，是积聚的溴蒸气放出。在贮存瓶底有过量的溴，将 Br_2 水倒入试剂瓶中，过量的溴应留于贮存瓶内，而不倒入试剂瓶。倾倒溴或 Br_2 水时，应在通风橱中进行，并将凡士林涂在手上或带橡胶手套操作，以防 Br_2 蒸气灼伤。
25	I_2 水(约 0.005 mol·dm^{-3})	将 1.3 g I_2 和 5 g KI 溶解在尽可能少量的水中。待 I_2 完全溶解后(充分搅拌)，再加水稀释至 1 L。
26	亚硝酰铁氰化钾(3%)	称取 3 g $Na[Fe(CN_5)NO]·2H_2O$ 溶于 100 mL 水中。
27	淀粉溶液(约 0.5%)	取易溶淀粉 1 g 和 $HgCl_2$ 5 ng(作防腐剂)置于烧杯中，加水少许，调成糊浆，然后倾入 200 mL 沸水中。
28	奈斯勒试剂	称取 115 g HgI_2 和 80 g KI 溶于足量水中，稀释至 500 mL，然后加入 500 mL 6 mol·dm^{-3} NaOH 溶液，静置后取其清液保存于棕色瓶中。
29	对氨基苯磺酸(0.34%)	0.5 g 对氨基苯磺酸溶于 150 mL2 mol·dm^{-3} HAc 溶液中。
30	α-萘胺(0.12%)	0.3 gα-萘胺加水 20 mL，加热煮沸，在所得溶液中加入 150 mL 2 mol·dm^{-3} HAc。
31	钼酸铵	5 g 钼酸铵溶于 100 mL 水中，加入 35 mLHNO_3(密度 1.2 g·cm^{-3})。
32	硫代乙酰胺(5%)	5 g 硫代乙酰胺溶于 100 mL 水中。
33	钙指示剂(0.2%)	0.2 g 钙指示剂溶于 100 mL 水中。
34	铝试剂(0.1%)	1 g 铝试剂溶于 1 L 水中。
35	二苯硫腙(0.01%)	0.01 g 二苯硫腙溶于 100 mL CCl_4 中。
36	丁二酮肟(1%)	1 g 丁二酮肟溶于 100 mL 95%乙醇中。

续 表

序号	试剂名称	配制方法
37	二苯碳酰二肼(0.04%)	0.04 g 二苯碳酰二肼溶于 20 mL 95%乙醇中,边搅拌边加入 80 mL(1∶9)H_2SO_4(存于冰箱中可用一个月)。
38	品红试剂	0.1 g 品红盐酸盐溶于 200 mL 热水中,放置冷却后,加入 1 g 亚硫酸氢钠和 1 mL 浓盐酸,再用去离子水稀释至 1 L。
39	苯酚溶液	将 50 g 苯酚溶于 500 mL 5%氢氧化钠溶液中。
40	β-萘酚溶液	将 50 g β-萘酚溶于 500 mL 5%氢氧化钠溶液中。
41	斐林试剂	斐林试剂是由斐林试剂 A 和斐林试剂 B 组成,使用时将两者等体积混合即可,其配法为: 斐林试剂 A　将 35 g$CuSO_4 \cdot 5H_2O$ 溶于 1 L 水中。 斐林试剂 B　将 170 g 酒石酸钾钠 $KNaC_4H_4O_6 \cdot 4H_2O$ 溶于 200 mL 热水中,然后加入 25%NaOH200 mL,再用水稀释至 1 L。
42	本尼迪试剂	取 8.6 g 研细的 $CuSO_4$ 溶于 50 mL 热水中,冷却后用水稀释至 80 mL。另取 86 g 柠檬酸钠及 50 g 无水碳酸钠溶于300 mL 水中,加热溶解,待溶液冷却后,再加入上面所配的 $CuSO_4$ 溶液,加水稀释至 500 mL。将试剂贮于试剂瓶中,用橡皮塞塞紧瓶口。
43	卢卡斯试剂	在冷却下,将 136 g 无水氯化锌溶于 90 mL 浓盐酸中。此试剂一般是用前配制。
44	间苯二酚盐酸试剂	将 0.5 g 间苯二酚溶于 500 mL 浓盐酸中,再用去离子水稀释 1 L。
45	α-萘酚乙醇溶液	将 10 g α-萘酚溶于 100 mL95%乙醇中,再用 95%乙醇稀释 500 mL,贮于棕色瓶中,一般使用前配制。
46	0.2%蒽酮硫酸溶液	将 1 g 蒽酮溶于 500 mL 浓硫酸中,用时配制。
47	2,4-二硝基苯肼试剂	(1) 将 2,4-二硝基苯肼溶于 2 mol · dm^{-3} HCl 中配成饱和溶液。 (2) 将 20 g 2,4-二硝基苯肼溶于 100 mL 浓硫酸中,然后边搅拌边将此溶液加到 140 mL 水与 500 mL95%乙醇的混合液中,剧烈搅拌,滤去不容固体既得橙红色溶液。
48	0.1%茚三酮乙醇溶液	将 0.5 g 茚三酮溶于 500 mL 95%乙醇中,用时配制。
49	苯肼试剂	(1) 取 2 份质量的苯肼盐酸盐和 3 份质量的无水醋酸钠混合均匀,于研钵中研成粉末,贮存于棕色试剂瓶中。 苯肼盐酸盐与醋酸钠反应生成苯肼醋酸盐,在水中水解生成的苯肼与糖反应生成脎。游离的苯肼难溶于水,所以不能直接使用。 (2) 取 5 g 苯肼盐酸盐,加入 160 mL 水,微热溶解,再加入 0.5 g 活性炭脱色,过滤,在滤液中加入 9 g 醋酸钠,搅拌溶解后贮存于棕色试剂瓶中。

参考文献

［1］ 邢其毅等.基础有机化学［M］.北京：北京大学出版社.2016.
［2］ 杨建奎等.有机化学［M］.北京：化学工业出版社.2015.
［3］ 克劳泽.施韦特利克等.有机合成实验室手册(原著第22版)［M］.北京：化学工业出版社.
［4］ 曾向潮等.有机化学实验［M］.武汉：华中科技大学出版社.2015.
［5］ 邵国成等.实验室安全技术［M］.北京：化学工业出版社.2016.
［6］ 黄凯等.大学实验室安全基础［M］.北京：北京大学出版社.2012.
［7］ 张雪梅等.分析化学实验［M］.北京：化学工业出版社.2017.
［8］ 张金桐等.实验化学［M］.北京：中国农业出版社.2011.
［9］ 文利柏等.无机化学实验［M］.北京：化学工业出版社.2009.
［10］ 李辉勇等.无机及分析化学［M］.北京：中国农业出版社.2017.
［11］ 刘湘等.天然产物化学［M］.北京：化学工业出版社.2018.